KB057095

시니맘의
참 잘 먹는
10분
유아식

시니맘의

참잘 먹는
10분
유아식

시니맘(박지혜) 지음

후 다 닥 만들어 후 루 룩 완밥하는 밑 반 찬 레시피

서사원

모든 아이가
골고루 잘 먹기를 바라며

첫째 아이 시은이는 식탐과 식욕이 없는 아이였어요. 이유식 시기부터 잘 먹지 않는 아이였고 엄마인 저는 매일매일 고민이 커졌어요. 어떻게 하면 아이가 잘 먹을지 연구하며 다양한 요리를 만들었고 반신반의하며 아이에게 먹여봤어요.

처음에는 당연히 잘 먹지 않았어요. 이유식도 잘 먹지 않았던 아이는 유아식의 낯선 입자에 적응하기 힘들어했고, 낯선 식재료는 먹어보려는 시도조차 하지 않았어요. 그렇게 시작되었던 거 같아요. 잘 먹지 않는 아이를 위해 이것저것 시도를 해보았고, 그 레시피들을 모아 세 번째 책을 출간하게 되었어요. 요리나 음식에 관련 없는 엄마가 유아식 책을 세 권이나 낼 줄 누가 알았을까요.

저는 아이가 싫어하는 식재료가 있으면 먹을 때까지 레시피를 바꾸는 집중 공략법(?)을 썼어요. 이 작업이 계속되면 아이의 식성을 파악할 수 있고, 어떻게 하면 아이가 잘 먹는지 알 수 있어요. 결국엔 작은 성공들이 모여 편식 없는 아이로 키울 수 있는 거지요. 이 결과가 하루아침에 이루어지지 않아요. 둘째 시안이는 여전히 편식이 있고 밥태기가 종종 찾아오지만 지금도 저는 고군분투하며 하루하루 아이의 식습관을 바로 잡으려 하고 있어요.

이 책은 입맛 까다로운 아이를 잘 먹이고 싶은 마음으로 만든 수많은 레시피 중에서 많은 어머님의 성공 댓글을 받은 인기 레시피들을 잘 모아서 만든 책이에요. 아이들이 싫어하는 식재료를 썼음에도 잘 먹은 것들이니 하나씩 만들어보면서 우리 아이 입맛에 맞는 메뉴들을 발견하는 재미를 느껴보시길 바라요.

시니맘(박지혜) 드림

Contents

✦✧✦

✦✧✦

Part 1

후다닥 만드는 기본 반찬

✦✧✦

Part
2

정성껏 만드는 특별 반찬

✦✧✦

엄마,
밥 더 줘!

Part 3

맛이 없을 수 없는 한 그릇 식사 & 간식

✦◇✦

✦◇✦

✦◇✦

유아식 기본 가이드

유아식은 이유식을 마치고 돌 전후 유아들이 섭취하는 밥, 국, 반찬 등의 식사를 뜻합니다. 이유식과 마찬가지로 초기, 중기, 후기로 나뉘며 시기별로 재료 입자와 간, 적정량이 달라집니다. 유아식 양은 섭취 권장량을 기준으로 개월 수에 맞게 주되, 아이의 발달 정도에 따라 달라질 수 있으니 참고용으로 활용해주세요.

양보다 중요한 건 균형 잡힌 영양가 있는 식단이니 좋은 재료로 건강한 밥을 만들어주세요. 간은 24개월 이후부터 하는 걸 권장하고 있으나, 기관 생활을 빨리 시작하거나 아이가 잘 먹지 않는다면 저염식을 시작해보는 것도 방법입니다.

초기 유아식은 돌 이후부터 17개월까지로 이유식을 먹던 아이들이 처음으로 유아식을 시도하는 시기입니다. 이때는 입자에 잘 적응하지 못하는 아이들이 많아 재료를 잘게 다지고 무염이나 저염식으로 구성하는 것이 일반적이에요. 중기 유아식은 18개월부터 24개월까지로 유아식 입자에 적응을 마친 아이들이 새로운 재료나 맛에 눈을 뜨는 시기이기도 합니다. 어금니가 나면서 밥태기가 찾아오는 시기이기도 해서 잘 먹다가도 안 먹는 날도 있고 편식이 심해지기도 해요. 후기 유아식은 25개월부터 36개월까지로 이 시기에는 어금니가 난 아이들이 제법 큰 입자나 육류도 잘 씹을 수 있는 단계입니다. 완료기는 37개월 이후부터 접하는 유아식 단계로 성인용 음식과 식재료가 비슷해지고 중기 이유식보다 간이 더 추가되는 시기입니다. 어금니가 다 나서 식재료를 씹는 데 제한이 없고 다양한 맛을 즐길 수 있어요.

엄마들이 가장 궁금해하는 유아식 Q&A

Q1 어린이집에서는 잘 먹는다고 하던데 집에서는 잘 안 먹어요. 뭐가 문제일까요?

▶ 기관에서는 집에서 먹는 것보다 간을 더해서 음식을 만들 가능성이 있어요. 그리고 친구들이 같이 먹기 때문에 더 잘 먹을 수 있어요. 이럴 땐 가정에서도 간을 조금 더해주시거나 엄마, 아빠도 함께 식사를 하시는 것을 추천드립니다.

Q2 소스류(마요네즈, 케첩)는 언제부터 섭취할 수 있나요?

▶ 소스류는 간이 쎄서 아이한테 자극적으로 느껴지고 부담이 될 수 있어요. 소스를 좋아하는 아이도 있지만 소스를 좋아하지 않는 아이도 있어요. 적어도 18개월 이후 최대한 천천히 시도하는 걸 권장해요.

Q3 아이가 스스로 먹지 않으려고 해요. 계속 떠먹여줘도 되나요?

▶ 시은이와 시안이 모두 두 돌이 지난 시기까지 떠먹여줘야 먹는 아이였어요. 저는 아이가 준비가 덜 되었다고 판단했고 엄마가 할 수 있는 한 열심히 떠먹여줬어요. 혼자 먹는 시기는 아이마다도 다를 수 있어요. 단 아이가 먹여달라고 하면 먹여주되 중간 중간 아이가 스스로 먹을 수 있도록 유도해주세요. 꾸준히 혼자 먹는 연습을 하다보면 어느새 스스로 먹고 있는 아이를 발견하게 될 거예요.

Q4 음식을 해도 아이가 먹지를 않아서 음식 하기가 싫어요.

▶ 저도 그랬던 시기가 있었어요. 엄마가 정성껏 만든 음식을 한 입도 먹지 않는 날에는 이제는 아무것도 만들지 않겠노라며 분노의 다짐을 한 적도 있었는데요. 그런데 그다음 날이면 다짐은 온데간데없고, 다시금 정성껏 음식을 만들곤 했어요. 그렇게 할 수 있었던 이유는 언젠간 변화할거라는 믿음을 갖고 있었기 때문이었어요. 엄마의 노력은 아이를 변화하게 만들어요. 오늘 하루는 힘들지라도 그 하루하루가 쌓인다면 언젠가는 값진 결과가 따를 겁니다.

Q5 세끼 모두 다른 반찬을 줘야 하나요?

▶ 세끼 모두 식판식을 한다면 국, 반찬 가짓수만 해도 어마어마 해요. 저는 세끼 모두를 식판식으로 주지 않았고 한 끼는 간단한 한 그릇 요리로 만들고 한두 끼는 식판식을 만들어 주곤 하는데요. 반찬을 중복해서 주기도 해요. 장조림류나 김치류 등은 저장해두고 먹는 반찬이라 간편하게 꺼내 먹기 좋아요. 갓 만들어서 먹었을 때 가장 맛있는 음식들은 끼니마다 만들어서 제공했어요.

Q6 특정 재료를 안 먹는 아이, 계속 먹여야 할까요?

▶ 특정 재료가 어떤 것이냐에 따라 다를거 같아요. 예를 들어 소고기를 안 먹는다고 한다면 먹이지 말라고 할 수 없겠지요. 그런데 대체할 재료가 있고, 굳이 먹지 않아도 될 생소한 재료라면 먹이지 않아도 된다고 생각해요. 하지만 한 가지 재료로 만들 수 있는 요리는 정말 무궁무진하기 때문에 여러 시도를 해보시는 걸 추천드립니다.

Q7 매운 음식은 언제 시도하면 될까요?

▶ 매운 음식은 만 5세 이후부터 천천히 시도해주세요. 너무 어릴 때는 매운 음식을 못 먹는 아이들이 많아요. 섣불리 시도했다가 오히려 역효과가 나서 매운 음식을 아예 거부할 수도 있어요. 맵지 않은 파프리카장 또는 맵지 않은 아기김치로 서서히 빨간 음식에 대한 거부감을 줄여주고, 고춧가루를 소량씩 넣어 맵기 단계를 조절해가며 시도하는 방법을 추천드려요.

Q8 밥 거부하는 아이. 간식도 주면 안되나요?

▶ 밥을 안 먹은 아이가 배가 고플까 봐 간식이라도 주고 싶은 엄마의 마음은 충분히 이해가 갑니다. 하지만 밥을 거부했을 때 바로 간식을 준다면 아이도 학습이 되어 밥을 안 먹을 수 밖에 없어요. 밥을 안 먹었다면 간식도 먹을 수 없다는 것을 정확히 알려주세요.

Q9 편식하는 아이는 어떻게 해야 할까요?

▶ 편식을 안 하는 아이가 있을까요? 시기의 차이가 있을 뿐 편식을 안 하는 아이는 거의 없어요. 편식하는 시기에 엄마가 어떻게 대처하느냐에 따라 아이의 식습관이 형성됩니다. 채소를 먹지 않는다고 해서 채소를 주지 않는다면 점점 더 편식이 심해질 수 밖에 없어요. 아이가 싫어하는 음식이라도 먹을 수 있게 끊임없이 시도해주세요. 시기가 지나면 어느 날은 입에 대 보기도 하고, 어느 날은 한 번 씹어보기라도 할 수 있거든요.

Q10 감기 걸렸을 때 만들어 주면 좋은 추천 메뉴가 있나요?

▶ 어른과 마찬가지로 아이도 감기에 걸리면 입맛이 없어져요. 목도 많이 붓고 코도 막혀서 씹고 넘기는 게 힘들지요. 그럴 땐 자극적인 음식보다는 부드럽고 속이 편한 음식을 만들어주세요. 부드러운 덮밥류나 죽 형태의 음식도 좋고 맑은국에 밥을 말아 줘도 좋아요.

유아식 단계별 적정 반찬량

아이가 성장함에 따라 단계별로 필요한 기초 대사량은 증가해요. 이를 바탕으로 우리 아이의 적정 배식량을 산정했어요. 아래 내용을 참고하여 단계별로 아이에게 맞는 적정 배식량을 제공해주세요. 단, 아이마다 다르므로 적정 배식량은 참고용으로만 보고, 아이가 먹는 양에 맞춰주세요.

1. 초기 유아식(~17개월)

	밥	국	주찬/주재료	부찬/주재료	총양
식판	80g	80ml	20g	20g	120g, 80ml
초기 한 그릇	70g	-	20g	10g	100g

2. 중기 유아식(18~24개월)

	밥	국	주찬/주재료	부찬/주재료	김치	총양
식판	100g	100ml	30g	30g	10g	170g, 100ml
초기 한 그릇	90g	-	25g	25g	-	140g

3. 후기 유아식(25~36개월)

	밥	국	주찬/주재료	부찬/주재료	김치	총양
식판	120g	120ml	40g	30g	20g	210g, 120ml
한 그릇	100g	-	30g	30g	-	160g

4. 완료기 유아식(37개월~)

	밥	국	주찬/주재료	부찬/주재료	김치	총양
식판	130g	150ml	50g	40g	20g	240g, 150ml
한 그릇	120g	-	40g	40g	-	200g

이 책에서 쓴 도구 및 재료

이 책에서 쓴 조리 도구

1. 냄비, 프라이팬

냄비와 프라이팬은 가볍고 세라믹으로 코팅된 도구를 사용했어요. 가벼워서 손목에 무리가 가지 않고 세라믹 소재로 코팅되어 요리하기에도 안전해요. 제품 판매처는 '그린팬', '트루쿡'입니다.

2.밧드, 믹싱볼

작은 크기의 스텐 밧드는 식재료를 담거나 튀김옷 입힐 때 사용하기 좋아요. 제품 판매처는 '악당스토어'입니다. 이 책에서 사용한 믹싱볼은 사이즈가 10가지여서 용도별로 다양하게 활용할 수 있어요. 제품 판매처는 '오메가키친'입니다.

3. 법랑냄비

작은 용량의 법랑냄비는 튀김기로 사용하기 좋아요.

4. 무쇠웍

무쇠로 된 웍이나 솥, 냄비는 열전도율이 높아 요리의 깊은 맛을 내고 잘 관리하면 반영구적으로 쓸 수 있어요. 무게가 무거워 손목에 무리가 갈 수 있어 저는 미니웍을 구매해서 아기용 솥밥이나 간단한 요리를 하는 데 사용하고 있어요.

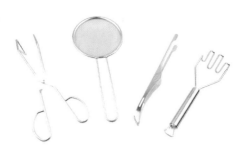

5.기타

집게나 매셔 등은 스테인리스 제품을 사용하고 있어요. 집게는 고기나 두께가 있는 재료를 뒤집을 때 사용하기 좋아요. 제품 판매처는 '르난세'입니다. 작은 재료를 뒤집거나 집을 때 얇은 집게인 조리용 핀셋을 사용하면 편리해요. 제품 판매처는 '국민종합유통'으로 사이즈는 2가지입니다. 매셔는 감자나 고구마, 삶은 계란 등을 으깰 때 사용할 수 있어요. 제품 판매처는 '자주'입니다.

이 책에서 쓴 식기

1. 집기류

유아식을 할 때 아이가 스스로 수저질을 할 수 있게 수저, 포크, 나이프, 젓가락 등을 챙겨주세요. 기본적으로 음식물이 잘 떠지고 오래 쓸 수 있는 스테인리스 제품을 자주 사용하고 있어요. 아이가 어릴 때는 말랑하면서 열탕 소독이 가능한 실리콘 수저를 사용하기도 했어요. 이 외에 모양이나 색상이 아기자기하고 예쁜 플라스틱 수저, 포크도 자주 사용해요. 제품 판매처는 '도노도노', '락앤락', '에디슨', '데일리라이크'입니다.

2. 원플레이트

원플레이트는 한 그릇 식사를 할 때나 간식을 먹을 때 쓰면 좋아요. 원플레이트는 도자기, 플라스틱, 실리콘 재질이 있어요. 도자기는 전자레인지, 식기세척기, 오븐에서 쓸 수 있어요. 실리콘은 전자레인지, 식기세척기에 쓸 수 있는데 쓰지 못하는 제품도 있으니 구매하기 전 확인해야 해요. 제품 판매처는 '쓰임', '시라쿠스', '어웨이큰 센스', '하리보리빙', '마더케이', '양손 이유볼'입니다.

3. 식판 그릇

식판은 각각의 반찬이 잘 보여 아이들이 먹는 데 흥미를 느낄 수 있으며 어린이집에서도 식판을 쓰기 때문에 적응하기 좋은 그릇이에요. 식판은 트라이탄, 도자기, 흡착, 유기 등 다양한 종류가 있답니다. 실리콘과 트라이탄은 전자레인지, 식기세척기에 사용할 수 있어요. 제품 판매처는 '바망바망식판', '마더스콘'입니다.

4. 밀폐용기

어른 반찬처럼 유아식은 반찬이나 국도 냉장고에 넣어 보관할 밀폐용기가 필요해요. 전자레인지에 넣고 쓸 수 있으며 환경호르몬에도 안전한 용기를 고르면 좋아요. 대체로 실리콘 뚜껑에 유리로 만든 용기를 많이 씁니다. 제품 판매처는 '락앤락'입니다.

이 책에서 쓴 조미료

1. 소금

본격적으로 간을 한다면 아기 전용 소금을 쓰면 좋아요. 제품 판매처는 '아이배냇'입니다. 호주산 호수염을 사용하고 식물성 해조칼슘을 배합하여 만든 제품으로 맑은국, 주먹밥, 국수 등 모든 음식에 간을 할 수 있어요.

2. 장

국이나 반찬류에 맛을 더하는 된장은 부드럽고 알갱이가 작은 게 좋아요. 제가 쓰는 제품은 '얼라맘마'입니다. 국산 재료와 첨가제를 넣지 않고 만든 저염식 된장입니다. 순한 얼라맘마 된장으로 아이의 첫 된장국을 끓여보세요. 고추장을 쓰지 못하는 아기 음식에 파프리카로 만든 맵지 않은 빨간 파프리카장을 사용해보세요. 빨간 색상은 내면서 맵지 않은 다양한 음식을 만들 수 있어서 빨간 음식은 맵다는 인식을 없앨 수 있어요. 고추장을 시도하기 전에 파프리카장을 먼저 사용해보세요.

3. 간장

간을 하면서 처음 접하게 되는 기본 양념류인 간장은 국산 콩으로 만든 걸 추천해요. 제품 판매처는 '얼라맘마'입니다. 볶음용과 국물용이 한 가지로 혼합된 맛간장으로 모든 요리가 가능해서 활용도가 좋아요. 아기간장을 따로 두고 쓰지 않는다면 어른용 간장을 물에 희석해서 사용해도 됩니다. 물과 어른용 간장을 1:1 비율로 섞어주세요. 예를 들어 아기간장 1티스푼을 만들기 위해선 어른용 간장0.5티스푼과 물 0.5티스푼을 섞으면 됩니다.

4. 설탕

아기 음식에는 과일즙, 올리고당, 아가베시럽, 설탕 등으로 단맛을 내는데요. 설탕은 비정제 설탕을 추천합니다. 제품 판매처는 '한살림'입니다.

5. 올리고당

저는 유아식에서 단맛을 내야 한다면 올리고당을 자주 사용해요. 제가 쓰는 제품은 두레생협에서 구매한 '유기농 프락토 올리고당'입니다.

6. 맛술

국산 쌀로 빚은 맑은 청주에 매실식 초, 배농축 과즙액 등을 넣어 배합한 '미담'은 고기 누린내와 잡내를 깔끔하게 잡아줘요. 이 책에서는 주로 고기나 생선 요리에 넣었지만 생략하셔도 무방해요.

7. 참기름

국산 참깨를 전통 방식으로 짜낸 '한살림' 참기름은 저온에서 볶아 맛이 깔끔하고 건강해 아이들 요리에 자주 사용해요. 나물, 무침 등 여러 요리에 이용하면 맛과 향을 돋워줘요.

8. 굴소스

초록마을의 '프리미엄 굴소스'는 신선한 국내산 굴로 만들어 깊고 풍부한 감칠맛을 내요. 맑고 깔끔한 풍미의 우리밀 진간 장을 더하고 국산 야채, 과일 농축액으로 단맛을 살렸어요. 향이 강한 식재료인 버섯이나 각종 볶음 요리에 사용해보세요.

9. 마요네즈

국내산 달걀노른자, 발효 식초, 설탕 등 꼭 필요한 재료만 넣어 정직하게 만든 '초록마을 마요네즈'입니다. 고소하면서도 깔끔해서 샐러드나 덮밥 등에 뿌려주면 좋아요.

이 책에서 쓴 재료 사는 곳

밥상살림·농업살림·생명살림

한살림은 생명의 세계관을 바탕으로 사람과 자연 모두에 건강한 먹을거리를 공급하는 생활협동조합이에요. 아이들 먹거리는 깐깐한 기준으로 고르는 엄마들이 많을 텐데요. 한 살림 제품은 농약과 화학비료를 사용하지 않고 유기농 농산물을 취급하여 믿고 구매하고 있어요.

한살림에서는 '올리고당', '카레가루', '짜장가루', '빵가루', '부침가루', '두부', '감자전분' 등을 주로 구매해요.

초록마을은 친환경 유기농 제품을 판매하는 브랜드예요. 전국 각지에 오프라인 매장이 있어 접근성이 좋고 온라인 구매도 간편해 자주 이용하는 곳이에요. 초록마을에서는 '들깨가루', '굴소스', '김밥용 김', '메추리알', '마요네즈', '떡', '게맛살' 등을 주로 사요.

계량 도구&계량법

자주 쓰는 계량 도구

계량컵은 재료를 믹싱하거나 눈대중으로 조리할 때 유용해서 자주 사용해요. 자주 사용하면 아이가 먹을 양을 저울에 달지 않아도 눈대중으로 파악할 수 있어요.

쉽게 하는 스푼 계량법

이 책에서는 계량스푼이 아닌 집에서 사용하는 큰숟가락(밥숟가락)과 커피 티스푼으로 계량 및 요리를 했어요. 큰숟가락은 어른용 밥숟가락, 티스푼은 가정용 티스푼을 사용했어요.

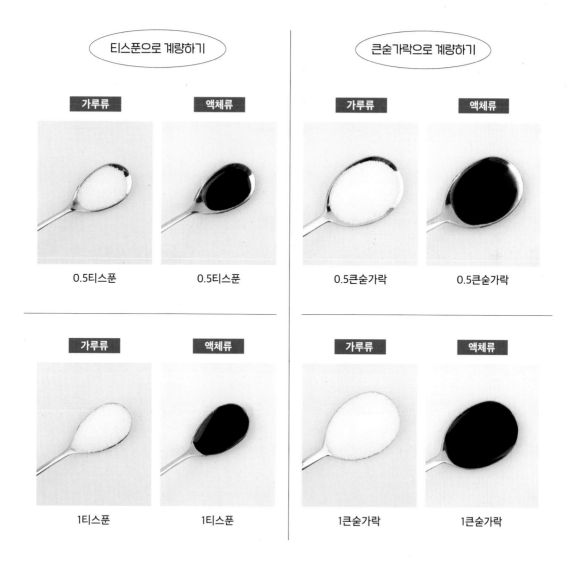

재료 써는 법

1. 깍뚝썰기

깍둑 썰기는 재료를 직육면체로 써는 방법으로 주로 반찬에 사용해요. 아이가 먹기에 적당한 크기로 썰어주세요.

2. 채썰기

채썰기는 재료를 길고 얇게 써는 방법으로 주로 반찬, 덮밥 등에 사용해요. 칼로 썰거나 채칼을 사용해서 썰어주세요.

3. 다지기

다지기는 재료를 잘게 써는 방법으로 주로 볶음밥이나 초기 유아식 단계에 사용해요. 칼로 썰거나 쵸퍼를 사용해서 썰어주세요.

요리가 쉬워지는 사전 작업

육수

당근, 양파, 애호박, 대파, 두부, 계란 등은 어느 요리에나 두루 쓸 수 있는 식재료입니다. 떨어지지 않게 잘 구비하면 급할 때 휘뚜루마뚜루 쓸 수 있어요.

육수는 멸치다시마육수를 만들어서 요리할 때마다 꺼내서 쓰세요. 무염, 저염식을 한다면 채소육수를 쓰고, 간이 있는 밥을 먹기 시작했다면 멸치다시마육수를 만들어서 쓰면 좋아요. 요즘에는 간편하게 육수를 내는 티백, 가루 제품이 많이 있어요. 직접 재료를 사서 끓이기 번거롭다면 육수팩을 사용해도 좋습니다.

이 책에서는 멸치다시마육수를 기본 육수로 사용하는데 만드는 방법은 다음과 같이 만들면 됩니다.

1. 물 200~300ml 기준, 다시마 1장과 국물용 멸치 2마리를 약 5분간 끓여주세요.
2. 물 600~800ml 기준, 다시마 2장과 국물용 멸치 3마리를 약 10분간 끓여주세요.

냉장실

냉동실에는 오래 두어도 상하지 않을 육류나 천천히 먹는 무염 버터, 다진 마늘 등을 넣어두면 좋습니다. 저는 떡갈비, 돈까스, 팝콘치킨, 어묵, 생선 등도 밀봉 후에 냉동해 두는 편이에요. 마땅한 반찬이 없을 때 바로 꺼내서 익히면 되니 세상 편한 아이템이 되었답니다.

생선은 주로 '생선파는언니' 제품을 사용해요. 다양한 생선을 깨끗하게 손질하고 소포장하여 판매하는데 엄마들 사이선 입소문이 난 제품이 에요. 어묵은 밀가루나 색소가 들어가지 않는 제품으로 선택하는 것이 좋아요. 어묵은 '얼라맘마' 제품을 사용해요.

팬트리

팬트리에는 아기용 소면(국수), 파스타면, 통조림 참치, 밥 가루 등을 구비하는 편이에요. 요즘에는 사골 농축액과 야채볼을 떨어지지 않게 쟁이고 있어요. 사골 농축액은 끓여서 국물로 먹어도 되고, 죽을 만들 때 육수로 사용할 수 있어요. 주로 '얼라맘마'에서 나온 제품을 애용한답니다.

야채볼은 볶음밥을 할 때나 죽을 만들 때 다진 야채 대신에 간편하게 넣을 수 있는 재료입니다. '위드잇'에서 나온 제품을 사용하고 있어요.

1.

후다닥 만드는 기본 반찬, 볶음

2.

2회분

3.

재료

방울토마토 30g

계란 1개

4.

양념

설탕 0.5티스푼

5.

1_ 계란은 풀어주세요. 방울
기 좋게 썰고 대파는 송송
양파는 잘게 다져주세요.

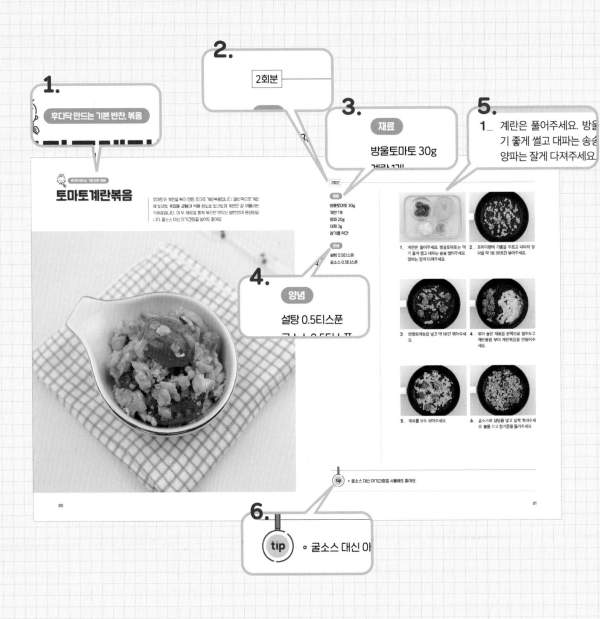

6.

tip ○ 굴소스 대신 아

1. 파트 구분

만들고 싶은 메뉴를 빠르게 찾을 수 있게 제목 상단에 조리법과 음식 종류를 표기했습니다.

2. 회분 표기

레시피대로 만들었을 때 완성된 음식 양을 대략 알 수 있게 회분으로 표기했습니다. 두고두고 먹을 수 있는 건 '다회분'으로 표시했어요. 단, 만드는 환경에 따라 완성된 양이 달라질 수 있고 아이마다 먹는 양도 다르니 참고용으로만 활용해주세요.

3. 재료 표기

반찬, 메뉴를 만들 수 있는 재료 용량을 표기했습니다. 아이의 입맛과 연령에 따라 용량 및 재료를 바꿔주세요.

4. 양념 표기

양념으로 사용하는 재료의 용량을 표기했습니다. 무염, 저염을 하는 아이라면 상황에 맞춰 용량을 가감하거나 대체 재료를 사용해주세요.

5. 조리 과정

과정별로 설명을 달았어요. 때에 따라서 조리 과정 1개에 2장의 사진을 배치하여 익힘, 농도 등을 확인할 수 있어요.

6. tip

재료 손질, 각 조리 과정에 필요한 정보를 정리했어요.

이 책을 이렇게 활용하면 더 좋아요!

1. 반찬은 '무침', '나물', '볶음', '전', '구이' 등 종류별로 나누었어요. 목차에서 만들고 싶은 종류를 확인한 뒤 요리해보세요 오늘은 어떤 반찬을 만들지 고민할 시간을 줄여줄 거예요.

2. 주 재료별 인덱스에는 '육류', '해산물', '채소' 등 메인으로 사용하는 식재료로 메뉴를 정리했어요. 냉장고에 있는 식재료를 파악하고 주 재료별 인덱스를 본다면 장을 보지 않아도 알뜰하게 메뉴를 만들 수 있어요.

3. 이 책에 수록된 메뉴는 대부분 조리 과정이 간단하여 요리 초보자도 쉽게 만들 수 있어요. 걱정 말고 하나씩 차근차근 만들어보세요.

후다닥 만드는 기본 반찬

빠르게 끓이는 국물 반찬

Part 1

후다닥 만드는
기본 반찬

김무침

구운 김에 간장 양념을 넣고 버무려 만든 간단한 메뉴입니다. 김을 좋아하는 아이들에게 색다르게 만들어 줄 수 있는 반찬이에요.

26

재료

김 3장

양념

물 10ml
아기간장 1.5티스푼
대파 2g
설탕 0.5티스푼
참기름 약간
통깨 약간

1_ 대파를 송송 썰어주세요.

2_ 마른 팬에 김을 뒤집어가며 약 5초간 구워주세요.

3_ 김을 잘게 부숴주세요.

4_ 김에 분량의 양념을 넣고 버무려주세요.

tip ∘ 김이 바삭하다면 굽는 과정은 생략해도 됩니다(과정 2).

닭고기오이
된장마요무침

샐러드 느낌의 반찬입니다. 된장과 마요네즈가 어우러져 고소하고 오이의 새콤함이 더해져 입맛을 돋우는 메뉴입니다.

재료

닭안심 70g
오이 50g

양념

마요네즈 1큰술가락
아기된장 1티스푼
올리고당 1티스푼
참기름 약간
통깨 약간

1_ 닭안심은 깨끗하게 세척하고 오이는
채썰어주세요.

2_ 닭안심은 약 3분간 끓인 뒤 건져내 한
김 식힌 후 결대로 찢어주세요.

3_ 볼에 닭안심, 오이, 분량의 양념을 넣
고 버무려주세요.

tip · 닭안심 대신 닭다리, 닭가슴살 등 다른 부위를 사용해도 좋아요.

당근두부무침

푹 익힌 당근과 담백한 두부를 함께 무쳐보세요. 당근과 두부의 조합
으로 영양 만점 당근두부무침을 맛볼 수 있답니다.

재료

두부 80g
당근 30g

양념

아기소금 1꼬집
아기간장 1티스푼
참기름 약간
통깨 약간

1_ 당근은 얇게 채썰어주세요.

2_ 당근을 끓는 물에 약 3분간 데친 후 체에 밭쳐 물기를 빼주세요.

3_ 두부는 끓는 물에 약 1분간 데친 후 체에 밭쳐 물기를 빼고 으깨주세요.

4_ 당근, 두부, 분량의 양념을 넣고 버무려주세요.

묵무침

달달한 간장 양념에 묵을 무쳐보세요. 묵의 말랑말랑한 식감이 호기심을 자극하고 김과 함께 버무려 아이들이 맛있게 먹을 수 있는 묵무침입니다.

3회분

재료

묵 80g

양념

물 10ml
아기간장 2티스푼
설탕 1티스푼
대파 2g
김 1g
참기름 약간
통깨 약간

1_ 대파는 잘게 다지고, 김은 잘게 부숴주세요.

2_ 묵은 끓는 물에 약 3분간 데친 후 흐르는 물에 헹궈주세요.

3_ 묵은 체에 밭쳐 물기를 빼고 깍둑썰어주세요.

4_ 분량의 양념을 넣고 버무려주세요.

tip
◦ 대파는 생략해도 됩니다.
◦ 김은 무조미 구운 김을 사용했어요.

알배추들깨무침

알배추 한 통을 사면 꼭 해 먹는 메뉴중 하나예요. 들깨가루를 넣어 고
소한 맛이 나는 배추들깨무침입니다.

재료

알배추 150g

양념

들깨가루 1티스푼
아기간장 1티스푼
아기소금 1꼬집
들기름 약간

1_ 알배추는 먹기 좋게 썰어주세요.

2_ 알배추 줄기 부분을 약 1분간 끓인 후 알배추 이파리를 넣고 약 2~3분간 더 끓여주세요. 흐르는 물에 헹구고 체에 밭쳐 물기를 빼주세요.

3_ 분량의 양념을 넣고 버무려주세요.

tip ◦ 줄기 부분이 두꺼워서 익히는 데 시간이 더 소요되므로 먼저 넣고 끓여주세요(과정 2).

오이들깨무침

오이에 들깨가루를 넣어 조물조물 무쳤어요. 고소한 들깨 향이 풍기고, 오독오독 씹히는 오이 맛이 일품인 기본 반찬입니다.

재료

오이 80g
아기소금 0.5티스푼

양념

들깨가루 1티스푼
들기름 약간

1_ 오이를 아주 얇게 썰어주세요.

2_ 아기소금을 뿌려 약 15분간 절인 뒤 물에 헹군 후 손으로 물기를 꽉 짜주세요.

3_ 분량의 양념을 넣고 조물조물 무쳐주세요.

매생이계란말이

알록달록 색깔이 예쁜 반찬입니다. 기본 반찬인 계란말이에 매생이를
넣어 매생이를 맛있게 먹을 수 있는 메뉴입니다.

재료

계란 4개
건조 매생이 1g

양념

아기소금 1~2꼬집

1_ 계란은 풀어주세요.

2_ 계란물을 두 개의 그릇에 나눠 담아 주세요. 한쪽은 소금을 넣고 다른 한쪽 에는 소금과 매생이를 넣고 섞어주세 요.

3_ 팬에 기름을 두르고 매생이 계란물을 부어 지단을 부친 후 돌돌 말아주세요.

4_ 계란물을 매생이계란말이에 연결되도록 붓고 돌돌 말아주세요. 한 김 식힌 후 먹기 좋게 잘라주세요.

tip ∘ 매생이 대신 김을 잘게 부숴 사용해도 좋아요.

후다닥 만드는 기본 반찬, 계란 요리

크래미치즈계란찜

간단하게 만들 수 있는 계란찜에 크래미와 치즈를 넣어 색다른 계란
찜을 만들어봤어요. 크래미로 간을 더하고 고소한 치즈로 풍미를 높
여 아이들이 좋아하는 메뉴랍니다.

재료

계란 2개
크래미 3개
아기치즈 1장

1_ 계란은 풀어주세요. 크래미는 잘게 찢어주세요.

2_ 계란물에 크래미와 아기치즈를 찢어 넣고 섞어주세요.

3_ 계란찜 용기에 계란물을 부어주세요.

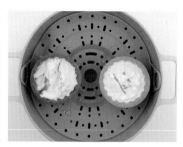

4_ 찜기에 넣고 뚜껑을 덮어 약 10분간 쪄주세요.

tip ∘ 전자레인지로 조리 시 전자레인지 전용 용기에 넣고 약 1~2분간 돌려주세요(과정 4).

숙주나물

녹두의 싹을 내어 만든 숙주는 콩나물보다 부드러워 아이들이 먹기 좋습니다. 강한 향이 나지 않아 부담이 적어 아이들의 첫 나물 요리로 추천해요.

재료

숙주 100g

양념

아기소금 0.5티스푼
아기간장 0.5티스푼
참기름 약간
통깨 약간

1_ 숙주는 깨끗하게 세척해주세요.

2_ 숙주는 끓는 물에 약 4분간 끓인 뒤 찬물로 헹군 후 체에 밭쳐 물기를 빼주세요.

3_ 분량의 양념을 넣고 조물조물 무쳐주세요.

tip ◦ 숙주 길이가 길면 아이 목에 걸릴 수 있으니 먹기 전에 가위로 잘라주세요.

시금치들깨나물

시금치는 영양소가 풍부한 녹황색 채소예요. 시금치들깨무침은 시금치에 들깨가루를 추가하여 만든 기본 나물 반찬입니다. 제철 시금치를 사용하면 더욱 달큼한 시금치의 맛을 느낄 수 있어요.

재료

시금치 100g

양념

들깨가루 1.5티스푼
아기간장 1티스푼
다진마늘 2g
아기소금 1꼬집
들기름 약간
통깨 약간

1_ 시금치는 뿌리를 제거한 뒤 깨끗하게 세척해주세요.

2_ 시금치를 끓는 물에 약 30초간 데친 뒤 흐르는 물에 헹구고 손으로 꽉 짜서 물기를 빼주세요.

3_ 분량의 양념을 넣고 조물조물 무쳐주세요.

tip ◦ 다진마늘은 생략해도 됩니다.

간장제육볶음

빨간 제육볶음을 못 먹는 아이들을 위해 간장 양념에 볶아봤어요. 달콤한 간장 양념이 돼지고기의 비린내를 잡아주고 감칠맛을 내어 아이들의 입맛을 사로잡기에 충분한 메뉴입니다.

재료

돼지고기(불고기용) 100g
당근 20g
양파 20g
대파 5g
통깨 약간

양념

물 50ml
아기간장 3티스푼
맛술 1티스푼
설탕 2티스푼
다진마늘 2g
참기름 약간

1_ 돼지고기는 키친타월로 핏물을 빼주세요. 당근, 양파는 채썰고, 대파는 송송 썰어주세요.

2_ 볼에 당근, 양파, 대파, 분량의 양념을 넣고 잘 버무린 뒤 돼지고기를 넣고 약 15분간 재워주세요.

3_ 프라이팬에 돼지고기를 넣고 약 4분간 볶아주세요.

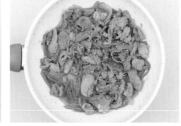

4_ 불을 끄고 통깨를 뿌려주세요.

tip
◦ 돼지고기(불고기용)는 앞다리나 뒷다리를 사용해요.
◦ 재우는 과정을 생략하고 바로 조리해도 괜찮아요.

돼지고기가지볶음

가지를 맛있게 먹을 수 있는 메뉴입니다. 돼지고기나 소고기 등을 넣어 같이 볶으면 메인 요리로도 손색없고 밥에 비벼 주기도 좋은 반찬이에요.

재료

돼지고기 다짐육 40g
가지 60g
양파 30g
참기름 약간
통깨 약간

양념

물 30ml
아기간장 2티스푼
올리고당 1티스푼
맛술 0.5티스푼

1_ 돼지고기 다짐육은 키친타월로 핏물을 빼주세요. 가지는 반달썰기, 양파는 채썰어주세요.

2_ 프라이팬에 기름을 두르고 돼지고기 다짐육을 약 1분간 볶아주세요.

3_ 가지와 양파를 넣고 약 3분간 볶아주세요.

4_ 분량의 양념을 넣고 약 1분간 볶아주세요.

5_ 불을 끈 뒤 참기름을 두르고 통깨를 뿌려주세요.

tip
◦ 돼지고기 대신 소고기를 사용해도 좋아요.
◦ 맛술은 생략해도 됩니다.

베이컨감자볶음

기본 감자볶음에 베이컨을 추가하여 볶아봤어요. 짭조름한 베이컨과
담백한 감자가 만나 간단하고 맛있는 반찬이 됩니다.

재료

감자 100g
베이컨 60g
아기소금 1꼬집
통깨 약간

1_ 감자는 채썬 뒤 약 15분간 물에 담가 전분기를 빼주세요. 베이컨은 끓는 물에 10초간 데친 후 먹기 좋게 썰어주세요.

2_ 프라이팬에 기름을 두르고 감자를 약 2분간 볶아주세요.

3_ 베이컨을 넣고 약 1분간 볶아주세요.

4_ 아기소금을 넣어 간을 맞춰주세요. 불을 끄고 통깨를 뿌려주세요.

tip

◦ 감자를 물에 여러 번 헹궈 전분기를 빼도 좋아요(과정 1).

◦ 감자 두께가 두꺼우면 볶는 시간을 늘려주세요(과정 2).

◦ 베이컨을 데쳤지만 염분이 남아 있을 수 있습니다. 간을 보고 아기소금은 생략해도 됩니다(과정 4).

베이컨
팽이버섯볶음

팽이버섯은 버섯 중 비교적 크기가 작아서 아이들에게 쉽게 먹일 수
있는 재료입니다. 베이컨을 추가해 볶으면 버섯을 싫어하는 아이들도
맛있게 즐길 수 있어요.

재료

팽이버섯 50g
베이컨 50g
대파 3g
다진마늘 2g
통깨 약간

1_ 베이컨은 끓는 물에 약 10초간 데친 후 먹기 좋게 썰어주세요. 팽이버섯은 흐르는 물에 살짝 세척한 뒤 먹기 좋게 썰고, 대파는 송송 썰어주세요.

2_ 프라이팬에 기름을 두르고 다진마늘 을 약 30초간 볶아주세요.

3_ 베이컨을 넣고 약 1분간 볶아주세요.

4_ 팽이버섯을 넣고 약 1분간 볶아주세요.

5_ 대파를 넣고 살짝 더 볶아주세요.

6_ 불을 끄고 통깨를 뿌려주세요.

소고기소보루볶음

모든 재료를 잘게 다져 만든 소고기소보루볶음은 잘 씹지 못하는 유
아도 부담 없이 즐길 수 있는 메뉴에요. 밥에다 슥슥 비벼 주면 다른 반
찬이 필요 없는 영양 가득한 메뉴입니다.

재료

소고기 다짐육 100g
양파 20g
애호박 20g
당근 20g
참기름 약간
통깨 약간

양념

아기간장 2티스푼
올리고당 1티스푼
맛술 0.5티스푼

1_ 소고기 다짐육은 키친타월로 핏물을 빼주세요. 양파, 애호박, 당근은 잘게 다져주세요.

2_ 프라이팬에 기름을 두르고 소고기 다짐육을 약 2분간 볶아주세요.

3_ 양파, 애호박, 당근을 넣고 약 2분간 볶아주세요.

4_ 분량의 양념을 넣고 약 2분간 볶아주세요.

5_ 불을 끈 뒤 참기름을 두르고 통깨를 뿌려주세요.

tip
- 채소 크기가 크면 볶는 시간을 더 늘려주세요(과정 3).
- 맛술은 생략해도 됩니다.

소고기알배추볶음

달큼한 알배추와 소고기를 볶아 만든 반찬입니다. 흰쌀밥에 올려 덮밥처럼 먹을 수도 있어요.

재료

소고기(구이용) 60g
알배추 40g
대파 3g
참기름 약간
통깨 약간

양념

물 30ml
아기간장 2티스푼
올리고당 1티스푼
맛술 0.5티스푼

1_ 소고기는 키친타월로 핏물을 빼고 먹기 좋게 썰어주세요. 알배추도 먹기 좋게 썰고, 대파는 송송 썰어주세요.

2_ 프라이팬에 기름을 두르고 소고기를 약 1분 30초간 볶아주세요.

3_ 알배추를 넣고 약 1분간 볶아주세요.

4_ 분량의 양념을 넣고 3분간 볶아주세요.

5_ 대파를 넣고 살짝 더 볶아주세요.

6_ 불을 끈 뒤 참기름을 두르고 통깨를 뿌려주세요.

tip ◦ 소고기(구이용) 대신 다짐육을 사용해도 좋아요.
◦ 소고기(구이용)는 부채살, 안심살, 살치살, 치마살, 채끝살 등을 주로 사용해요.

소시지채소볶음

아이들이 좋아하는 케첩 넣은 소스로 소시지와 채소를 볶았어요. 소시지를 처음 먹는다면 소스는 생략하고 볶는 걸 추천해요.

58

재료

소시지 100g
파프리카 빨강 10g
파프리카 노랑 10g
양파 10g
통깨 약간

재료

물 10ml
케첩 0.5티스푼
아기간장 0.5티스푼
올리고당 0.5티스푼

1_ 칼집 낸 소시지는 끓는 물에 약 30초 간 데친 후 체에 받쳐 물기를 빼주세요. 파프리카와 양파는 먹기 좋게 썰어 주세요.

2_ 프라이팬에 기름을 두르고 파프리카 와 양파를 약 1분간 볶아주세요.

3_ 소시지를 넣고 약 1분간 볶아주세요.

4_ 분량의 양념을 넣고 약 30초간 볶아 주세요.

5_ 불을 끄고 통깨를 뿌려주세요.

tip ◦ 소시지는 터지지 않게 데치기 전에 칼집을 내주세요(과정 1).

시금치베이컨볶음

시금치를 싫어하는 아이들에게 추천하는 메뉴에요. 시금치를 베이컨
과 함께 볶아 주면 베이컨과 함께 시금치도 잘 먹는답니다.

재료

시금치 60g
베이컨 40g
다진마늘 2g
통깨 약간

1_ 시금치는 뿌리를 제거하고 깨끗하게 세척한 뒤 먹기 좋게 잘라주세요. 베이컨은 끓는 물에 약 10초간 데친 후 체에 받쳐 물기를 빼고 채썰어주세요.

2_ 프라이팬에 기름을 두르고 다진마늘을 약 30초간 볶아주세요.

3_ 베이컨을 넣고 약 1분간 볶아주세요.

4_ 시금치를 넣고 약 1분간 볶아주세요.

5_ 불을 끄고 통깨를 뿌려주세요.

tip ∘ 베이컨에 간이 되어 있어 따로 간을 하지 않았어요. 간이 부족하다면 아기소금을 추가해주세요(과정 5).

아몬드멸치볶음

멸치와 아몬드를 단짠 양념에 볶아낸 고소하고 바삭한 멸치볶음입니
다. 아이가 먹기에 부담스럽지 않도록 세멸치를 사용했어요.

재료　세멸치 50g
구운 아몬드 50g
통깨 약간

양념　물 50ml
아기간장 1.5티스푼
올리고당 2티스푼
다진마늘 3g

1_ 세멸치는 체에 넣고 흔들어 이물질을 걸러주세요.

2_ 마른 팬에 세멸치를 약 1분간 볶은 후 체에 넣고 흔들어 이물질을 걸러주세요.

3_ 마른 팬에 구운 아몬드를 약 1분간 다시 구워주세요.

4_ 마른 팬에 분량의 양념을 넣고 끓여주세요.

5_ 양념이 끓어오르면 세멸치와 구운 아몬드를 넣고 약 1~2분간 볶아주세요.

6_ 불을 끄고 통깨를 뿌려주세요.

 tip ∘ 아몬드는 생 아몬드가 아닌 구운 아몬드를 사용했어요. 구운 아몬드를 한 번 더 볶은 후에 조리해주세요(과정 3).

애호박새우볶음

달콤한 애호박과 탱글탱글한 새우를 볶아 만든 메뉴입니다. 애호박은 단맛이 나 초록색 채소 중 거부감이 적은 식재료예요. 초록 식재료를 싫어한다면 애호박을 적극 활용해보세요.

재료

냉동 새우 50g
애호박 50g
아기간장 0.5티스푼
참기름 약간
통깨 약간

1_ 냉동 새우는 해동해주세요. 애호박은 채썰어주세요.

2_ 프라이팬에 기름을 두르고 애호박을 약 1분간 볶아주세요.

3_ 새우를 넣고 약 1분간 볶아주세요.

4_ 아기간장을 넣고 약 1분간 볶아주세요.

5_ 불을 끈 뒤 참기름을 두르고 통깨를 뿌려주세요.

tip ○ 새우가 크면 먹기 좋게 썰어주세요(과정 1).

양송이버섯볶음

버섯은 특유의 식감과 향 때문에 아이들이 좋아하지 않는 식재료 중 하나이지요. 그럴 땐 양념 배합만 조금 바꾸면 맛있게 잘 먹을 수 있답니다. 여기에서는 굴소스에 양송이를 넣어 볶는 걸 알려드릴게요.

재료

양송이버섯 100g
양파 50g
참기름 약간
통깨 약간

양념

아기간장 1티스푼
굴소스 0.5티스푼

1_ 양송이는 슬라이스하고, 양파는 채썰 어주세요.

2_ 프라이팬에 기름을 두르고 양파를 약 1분간 볶아주세요.

3_ 양송이버섯을 넣고 약 2분간 볶아주 세요.

4_ 분량의 양념을 넣고 약 1분간 볶아주 세요.

5_ 불을 끈 뒤 참기름을 두르고 통깨를 뿌려주세요.

tip ◦ 양송이버섯 대신 다른 종류의 버섯을 사용해도 좋아요.

후다닥 만드는 기본 반찬, 볶음

어묵카레볶음

어묵에 카레가루를 넣어 볶으면 감칠맛이 더해지고 따로 간을 하지
않아도 맛있어요.

재료

어묵 60g
당근 20g
양파 20g
대파 5g
카레가루 1티스푼
참기름 약간
통깨 약간

1_ 어묵은 먹기 좋게 썰고, 당근, 양파, 대파는 채썰어주세요.

2_ 프라이팬에 기름을 두르고 당근, 양파, 대파를 약 1분간 볶아주세요.

3_ 어묵을 넣고 약 1분 30초간 볶아주세요.

4_ 카레가루를 넣고 약 1분간 볶아주세요.

5_ 불을 끈 뒤 참기름을 두르고 통깨를 뿌려주세요.

tip

◦ 어묵은 데치거나 뜨거운 물을 부어 염분과 기름기를 뺀 뒤 체에 밭쳐 물기를 빼주세요(과정 1).
◦ 카레가루가 뭉치지 않게 잘 섞어가며 볶아주세요(과정 4).

진미채볶음

고추장으로 볶은 진미채볶음은 아이들이 먹지 못해요. 그래서 간장 양념으로 만들어봤어요. 진미채를 마요네즈에 버무린 후 볶아주면 부들부들해진 식감 덕분에 아이들도 잘 먹는답니다.

재료

진미채 100g
마요네즈 2티스푼
참기름 약간
통깨 약간

양념

물 10ml
아기간장 2티스푼
올리고당 2티스푼
맛술 1티스푼
다진마늘 2g

1_ 진미채는 약 5분간 물에 담근 뒤 건져 내 손으로 물기를 짜주세요.

2_ 진미채에 마요네즈를 넣고 버무려주세요.

3_ 프라이팬에 기름을 두르고 분량의 양념을 넣고 약 30초간 끓여주세요.

4_ 양념이 끓어오르면 진미채를 약 1분간 볶아주세요.

5_ 불을 끈 뒤 참기름을 두르고 통깨를 뿌려주세요.

tip
◦ 다진 마늘은 생략 가능해요.
◦ 딱딱한 진미채를 부드럽게 만드는 과정입니다(과정 2).

청경채새우볶음

아삭한 청경채와 새우를 볶아 만든 반찬입니다. 중국풍의 요리를 기본 반찬으로 재탄생시켰어요. 여기에 굴소스를 추가하면 감칠맛을 낼 수 있어요.

재료

청경채 50g
냉동 새우 50g
아기간장 0.5티스푼
참기름 약간
통깨 약간

1_ 냉동 새우는 해동한 뒤 먹기 좋게 썰어주세요. 청경채는 뿌리를 자르고 세척한 뒤 먹기 좋게 썰어주세요.

2_ 프라이팬에 기름을 두르고 새우를 약 30초간 볶아주세요.

3_ 청경채 줄기를 넣고 약 1분간 볶다가 청경채 이파리를 넣고 약 1분간 더 볶아주세요.

4_ 아기간장을 넣고 잘 섞어가며 볶아주세요.

5_ 불을 끈 뒤 참기름을 두르고 통깨를 뿌려주세요.

tip ∘ 새우는 껍질이 제거된 냉동 새우를 사용했어요.

콩나물크래미볶음

콩나물을 싫어하는 아기에겐 크래미와 함께 볶은 콩나물크래미볶음을 추천드려요. 아삭한 콩나물과 쫄깃한 크래미가 잘 어우러진 메뉴랍니다.

재료

콩나물 60g
크래미 60g
대파 3g
아기간장 0.5티스푼
참기름 약간
통깨 약간

1_ 크래미는 잘게 찢고 대파는 송송 썰어 주세요.

2_ 프라이팬에 기름을 두르고 콩나물을 약 1분 30초간 볶아주세요.

3_ 크래미와 아기간장을 넣고 약 1분간 볶아주세요.

4_ 대파를 넣고 살짝 더 볶아주세요.

5_ 불을 끈 뒤 참기름을 두르고 통깨를 뿌려주세요.

tip

∘ 개월 수가 적어 잘 못 씹는 아이들은 콩나물 머리를 떼고 조리하세요.

∘ 아기간장은 생략해도 됩니다.

크래미계란볶음

심심한 계란 반찬만 해 주기 질렸다면 짭조름한 크래미를 넣고 볶아
보세요. 따로 간을 하지 않아도 맛있는 밥반찬이 됩니다. 여기에 밥을
넣어 볶으면 중국집에서 파는 볶음밥으로 변신해요.

재료

크래미 80g
계란 1개
대파 3g
참기름 약간
통깨 약간

1_ 계란은 풀어주세요. 크래미는 잘게 찢고, 대파는 송송 썰어주세요.

2_ 프라이팬에 기름을 두르고 계란물을 부어 계란볶음을 만들어주세요.

3_ 크래미를 넣고 약 1분간 볶아주세요.

4_ 대파를 넣고 약 30초간 볶아주세요.

5_ 불을 끈 뒤 참기름을 두르고 통깨를 뿌려주세요.

tip ◦ 크래미에 간이 되어 있어 따로 간을 하지 않았어요. 간이 부족하다면 아기소금을 추가해주세요(과정 5).

크래미볶음

시간은 없고 냉장고에 마땅한 재료가 없을 땐 양파와 크래미를 볶아
보세요. 간단하면서도 맛있는 메뉴입니다.

재료

크래미 80g
양파 30g
대파 3g
아기간장 0.5티스푼
참기름 약간
통깨 약간

1_ 크래미와 양파는 깍둑썰고, 대파는 송송 썰어주세요.

2_ 프라이팬에 기름을 두르고 양파를 약 1분간 볶은 뒤 크래미를 넣고 약 30초간 더 볶아주세요.

3_ 아기간장을 넣고 살짝 더 볶다가 대파를 넣고 약 30초간 볶아주세요.

4_ 불을 끈 뒤 참기름을 두르고 통깨를 뿌려주세요.

tip ◦ 아기간장은 생략해도 됩니다.

토마토계란볶음

토마토와 계란을 볶아 만든 토마토 계란볶음입니다. 일반적으로 계란에 토마토 케첩을 곁들여 먹을 정도로 토마토와 계란은 잘 어울리는 식재료입니다. 이 두 재료를 함께 볶으면 맛있는 밥반찬이 완성된답니다. 굴소스 대신 아기간장을 넣어도 좋아요.

재료

방울토마토 30g
계란 1개
양파 20g
대파 3g
참기름 약간

양념

설탕 0.5티스푼
굴소스 0.5티스푼

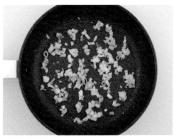

1_ 계란은 풀어주세요. 방울토마토는 먹기 좋게 썰고, 대파는 송송 썰고, 양파는 잘게 다져주세요.

2_ 프라이팬에 기름을 두르고 대파와 양파를 약 1분 30초간 볶아주세요.

3_ 방울토마토를 넣고 약 1분간 볶아주세요.

4_ 볶은 재료를 한쪽에 밀어두고 계란물을 부어 계란볶음을 만들어주세요.

5_ 재료를 모두 섞어주세요.

6_ 분량의 양념을 넣고 살짝 볶아주세요. 불을 끄고 참기름을 둘러주세요.

tip ◦ 굴소스 대신 아기간장을 사용해도 좋아요.

감자들깨미역국

미역국에 소고기 대신 감자를 넣어보세요. 미역국은 아이들이 좋아해서 자주 끓여주는 메뉴 중 하나인데 고기가 없을 때 감자와 들깨가루만 넣어서 끓여봤더니 색다르고 맛도 있어서 놀랐던 메뉴랍니다.

재료

감자 100g
건미역 5g
물 800ml
다진마늘 3g
참기름 2큰술가락
아기간장 2티스푼
들깨가루 2티스푼

1_ 건미역은 약 10분간 물에 담가 불린 뒤 흐르는 물에 1~2번 헹구고 체에 밭쳐 물기를 빼주세요. 감자는 깍둑 썬 뒤 약 15분간 물에 담가 전분기를 빼주세요.

2_ 냄비에 참기름을 두르고 미역을 약 2분간 볶아주세요.

3_ 감자를 넣고 물을 붓고 약 20분간 끓여주세요.

4_ 아기간장과 다진마늘을 넣고 약 5분간 끓여주세요. 들깨가루를 넣고 약 5분간 끓여주세요.

tip
° 자른 미역을 사용했어요.
° 감자를 물에 여러 번 헹궈 전분기를 빼도 좋아요(과정 1).

버섯들깨국

느타리버섯과 팽이버섯에 들깨가루를 추가해 국을 끓여보았어요. 고소한 들깨가루 향이 버섯과 잘 어울리는 버섯들깨국입니다.

재료

멸치다시마 육수 600ml
느타리버섯 50g
팽이버섯 50g
대파 10g

양념

들깨가루 1큰술가락
아기간장 1티스푼
아기소금 1꼬집

1_ 느타리버섯, 팽이버섯은 가볍게 세척한 뒤 밑동을 제거하고 먹기 좋게 썰어주세요. 대파는 송송 썰어주세요.

2_ 멸치다시마육수를 약 5분간 끓여주세요.

3_ 멸치, 다시마를 건져내고 느타리버섯, 팽이버섯을 넣고 약 3분간 끓여주세요.

4_ 분량의 양념을 넣고 약 3분간 끓여주세요.

5_ 대파를 넣고 한소끔 끓여주세요.

빠르게 끓이는 국물 반찬, 국

새우미역국

아이들이 참 좋아하는 미역국에 소고기 대신 새우를 넣어봤어요. 새우의 시원한 맛이 돋보이는 새우미역국입니다.

86

재료

냉동 새우 150g
건미역 5g
물 800ml
참기름 2큰숟가락

양념

아기간장 2티스푼
아기소금 2꼬집
다진마늘 3g

1_ 건미역은 약 10분간 물에 담가 불린 뒤 흐르는 물에 1~2번 물에 헹구고 체에 받쳐 물기를 빼주세요. 냉동 새우는 해동한 뒤 먹기 좋게 썰어주세요.

2_ 냄비에 참기름을 두르고 새우를 약 1분간 볶아주세요.

3_ 미역을 약 2분간 볶아주세요.

4_ 물을 붓고 약 15분간 끓여주세요.

5_ 분량의 양념을 넣고 약 5분간 끓여주세요.

tip
◦ 자른 미역을 사용했어요.
◦ 깊은 맛을 내고 싶다면 더 오래 끓여주세요(과정 4).

크래미된장국

게살이 없을 때 크래미를 넣어 된장국을 끓여보세요. 다양한 채소도
넣어주면 영양소가 듬뿍 담긴 국이 된답니다.

재료

멸치다시마육수 600ml
크래미 60g
애호박 30g
양파 30g
다진마늘 3g
아기된장 2티스푼

1_ 크래미는 잘게 찢어주세요. 애호박과 양파는 채썰어주세요.

2_ 멸치다시마육수를 약 5분간 끓여주세요.

3_ 멸치, 다시마를 건져내고 아기된장을 풀어주세요. 다진마늘, 애호박, 양파를 넣고 약 10분간 끓여주세요.

4_ 크래미를 넣고 약 5분간 끓여주세요.

tip ◦ 크래미 대신 게살을 사용해도 좋아요.

빠르게 끓이는 국물 반찬, 탕

닭곰탕

아이들에게 몸보신이 필요한 순간, 닭고기로 간단하게 끓일 수 있는 곰탕을 소개합니다. 닭 한 마리를 통째로 쓰기엔 번거로우니 정육된 닭고기로 끓여보세요.

재료

닭안심 150g
무 80g
대파 10g
다진마늘 3g
아기소금 1~2꼬집

육수

물 1L
대파(흰 부분) 1대
양파 ½개
통후추 5알

1_ 대파의 흰 부분과 양파는 큼직하게 썰고, 무는 나박썰고, 대파는 송송 썰어주세요.

2_ 냄비에 닭안심, 육수 재료를 넣고 약 20분간 끓여주세요.

3_ 육수는 버리지 말고 닭안심은 건져내 한 김 식힌 후 결대로 찢어주세요.

4_ 육수 재료를 건져내세요. 육수에 닭안심, 무, 대파, 다진마늘, 아기소금을 넣고 약 20분간 끓여주세요.

tip ∘ 닭안심 대신 닭다리, 닭가슴살 등 다른 부위를 사용해도 좋아요.

돼지등갈비탕

손이 많이 가는 갈비탕을 매우 간단하게 만들 수 있습니다. 등갈비를
넣어 정성 가득 엄마표 돼지등갈비탕을 끓여보세요.

재료

등갈비 500g
당면(불리기 전) 15g
대파 10g
다진마늘 5g

육수

물 1.2L
대파(흰 부분) 1대
양파 1개
마늘 5개
통후추 5알

양념

아기간장 2티스푼
아기소금 2꼬집

1_ 등갈비는 약 1시간 정도 물에 담가 핏물을 빼주세요. 당면은 약 30분간 물에 담가 불려주세요. 육수용 대파와 양파는 큼직하게 썰고, 대파 10g은 송송 썰어주세요.

2_ 등갈비는 끓는 물에 약 5분간 삶은 후 물은 버려주세요. 등갈비는 흐르는 물에 헹궈주세요.

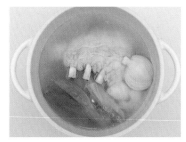

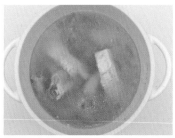

3_ 냄비에 등갈비, 육수 재료를 넣고 약 20분간 끓여주세요.

4_ 육수 재료를 건져낸 뒤 다진마늘, 송송 썬 대파를 넣어주세요. 분량의 양념을 넣고 약 15분간 끓여주세요.

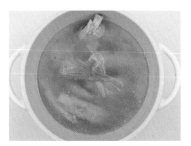

5_ 당면을 넣고 약 5분간 끓여주세요.

tip
◦ 등갈비가 통으로 되어 있다면 한 대씩 자른 후 끓여주세요(과정 4).
◦ 아기가 돼지등갈비를 잡고 뜯기 어려울 수 있으니 살코기만 발라주세요.

기본 반찬과 같이 만드는 특별 반찬

오래 두고 먹는 저장 반찬

Part 2

정성껏 만드는
특별 반찬

가지계란전

복음 요리에 주로 사용하는 가지를 색다르게 조리해봤어요. 가지를
활용하여 계란전을 부쳐보세요. 가지를 싫어하는 아이들도 좋아하게
될 거예요.

재료

가지 40g
계란 1개
아기소금 1꼬집

1_ 가지는 얇게 썰고 계란은 풀어주세요.

2_ 프라이팬에 기름을 두르고 가지를 약 1분 30초간 구워주세요.

3_ 계란물을 붓고 아기소금을 뿌려 간을 맞춰주세요.

4_ 계란을 뒤집어가며 노릇노릇하게 익혀주세요.

tip ∘ 가지가 잘 익을 수 있도록 최대한 얇게 썰어주세요(과정 1).

김치치즈전

빨갛지만 맵지 않은 아기용 김치로 전을 부쳐 아기 전용 김치전을 만들어보세요. 맛없을 것 같지만 신기하게 매운맛이 빠진 어른용 김치전과 비슷한 맛이 난답니다. 여기에 치즈를 올려주면 더 맛있어져요.

재료

아기치즈 1장
아기김치 60g
부침가루 20g
물 20ml

1_ 아기김치는 잘게 잘라주세요.

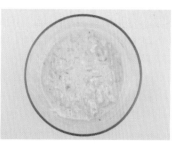

2_ 볼에 아기김치, 부침가루, 물을 넣고 섞어주세요.

3_ 프라이팬에 기름을 두르고 동그랗게 전을 부쳐주세요.

4_ 앞면, 뒷면이 모두 익으면 불을 끄고 아기치즈를 올려 녹여주세요.

tip
∘ 김치전 재료로 배추김치, 깍두기, 백김치 등 모두 가능해요.

∘ 아기치즈는 전 크기보다 작게 잘라 올려주세요. 치즈가 잘 녹지 않으면 뚜껑을 덮어주세요(과정 4).

기본 반찬과 같이 만드는 특별 반찬, 전

느타리버섯
카레전

카레가루가 버섯 향을 잡아줘서 버섯을 싫어하는 아이들도 버섯을 맛
있게 먹을 수 있는 메뉴로, 쫄깃한 식감을 오롯이 느낄 수 있는 전 요
리입니다.

재료

느타리버섯 50g
대파 5g
부침가루 20g
카레가루 1티스푼
물 30ml

1_ 느타리버섯과 대파는 잘게 다져주세요.

2_ 볼에 모든 재료를 넣고 섞어주세요.

3_ 프라이팬에 기름을 두르고 동그랗게 전을 부쳐주세요.

tip ∘ 느타리버섯 대신 다른 종류의 버섯을 사용해도 좋아요.

당면계란전

만두나 김말이 등에 들어가는 당면으로 계란전을 부쳐봤어요. 쫄깃하고 고소해서 아이들이 좋아해요.

재료

당면(불리기 전) 20g
당근 10g
애호박 10g
양파 10g
계란 1개
아기소금 1꼬집

 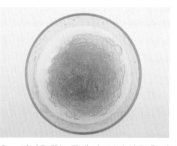

1_ 당면은 약 30분간 물에 담가 불리고, 계란은 풀어주세요. 당근, 애호박, 양파는 잘게 다져주세요.

2_ 당면은 끓는 물에 약 5분간 삶은 후 체에 밭쳐 물기를 빼주고, 잘게 잘라주세요.

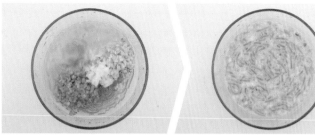

3_ 볼에 당면, 계란물, 당근, 애호박, 양파를 넣고 섞어주세요. 아기소금을 넣어 간을 맞춰주세요.

4_ 프라이팬에 기름을 두르고 동그랗게 전을 부쳐주세요.

tip ﹒아기소금은 생략해도 됩니다.

도토리묵전

도토리묵은 호불호가 강한 식재료 중 하나이지요. 아이들이 도토리묵을 좋아하지 않을 땐 전을 부쳐보세요. 쫀득한 식감이 살아 있는 메뉴가 완성된답니다.

재료

도토리묵 60g
대파 5g
부침가루 20g
물 30ml

1_ 도토리묵과 대파는 잘게 다져주세요.

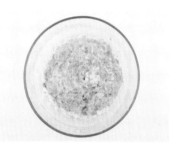

2_ 볼에 모든 재료를 넣고 섞어주세요.

3_ 프라이팬에 기름을 두르고 동그랗게 전을 부쳐주세요.

tip ∘ 대파 외에 다른 채소를 추가해도 좋아요.

애호박새둥지전

가운데가 빈 둥지 모양의 애호박전에 메추리알을 터뜨려 속을 채운
애호박새둥지전입니다. 기본 애호박전보다 더 맛있고 아이들에게 둥
지와 비교해 설명해주면 무척 좋아해요.

재료

메추리알 4개
애호박 60g
부침가루 1큰술가락
물 10ml

1_ 애호박은 얇게 채썰어주세요.

2_ 볼에 애호박, 부침가루, 물을 넣고 잘 섞어주세요.

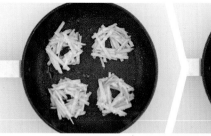

3_ 프라이팬에 기름을 두르고 둥지 모양으로 전을 부쳐주세요.

4_ 애호박전 중앙에 메추리알을 넣고 뚜껑을 덮은 후 약불로 줄여 노른자를 익혀주세요.

tip · 노른자는 터트리지 않고 익혀주는 게 정석이지만 잘 익지 않는다면 노른자를 터트려 익혀주세요(과정 4).

기본 반찬과 같이 만드는 특별 반찬, 전

애호박치즈전

쉽게 구할 수 있는 애호박과 치즈로 만든 애호박치즈전입니다. 인스타그램에서 애호박 먹이기를 성공했다는 후기가 정말 많았던 메뉴입니다.

재료

아기치즈 1장
애호박 50g
부침가루 30g
물 40ml

1_ 애호박을 잘게 다져주세요.

2_ 볼에 애호박, 부침가루, 물을 넣고 섞어주세요.

3_ 프라이팬에 기름을 두르고 동그랗게 전을 부쳐주세요.

4_ 앞면, 뒷면이 모두 익으면 불을 끄고 아기치즈를 올려 녹여주세요.

tip ◦ 아기치즈는 전 크기보다 작게 잘라 올려주세요. 치즈가 잘 녹지 않으면 뚜껑을 덮어주세요(과정 4).

어묵계란전

어묵볶음 대신에 계란물을 입혀 전을 부쳐보세요. 생선전 맛이 나는
어묵계란전은 아이들에게 최고의 반찬이랍니다.

재료

어묵 40g
당근 10g
애호박 10g
양파 10g
계란 1개
아기소금 1꼬집

1_ 어묵은 먹기 좋게 썰고, 당근, 애호박, 양파는 잘게 다져주세요. 계란은 풀어주세요.

2_ 계란물에 당근, 애호박, 양파를 넣고 섞어주세요. 아기소금을 넣어 간을 맞춰주세요.

3_ 어묵에 채소를 섞은 계란물을 입혀주세요.

4_ 프라이팬에 기름을 두르고 어묵을 올려주세요. 남은 계란물을 어묵에 부어가며 노릇노릇하게 구워주세요.

tip ◦ 어묵은 살짝 데치거나 뜨거운 물을 부어 염분과 기름기를 뺀 뒤 체에 받쳐 물기를 빼주세요(과정 1).

옥수수참치전

통조림 옥수수와 참치를 이용하여 전을 부쳐보았어요. 고소하고 담백
한 참치와 달콤한 옥수수의 조합이 좋은 메뉴입니다.

재료

참치 50g
옥수수 50g
부침가루 20g
물 30ml

1_ 참치는 기름을 빼고, 옥수수는 체에 밭쳐 물기를 빼주세요.

2_ 볼에 모든 재료를 넣고 섞어주세요.

3_ 프라이팬에 기름을 두르고 동그랗게 전을 부쳐주세요.

tip ◦ 참치는 뜨거운 물을 부어 기름기를 빼주세요. 일반 옥수수를 삶아 알을 분리한 후 사용해도 좋아요(과정 1).

진미채전

해물파전의 간단 버전 요리입니다. 진미채가 질겨서 잘 씹지 못하는
아기들도 바삭한 진미채전은 잘 먹었다는 후기가 많았던 메뉴입니다.

재료

진미채 60g
당근 20g
대파 5g
부침가루 20g
물 30ml

1_ 진미채는 물에 약 5분간 담갔다가 체에 받쳐 물기를 뺀 뒤 잘게 잘라주세요. 당근과 대파는 잘게 다져주세요.

2_ 볼에 모든 재료를 넣고 섞어주세요.

3_ 프라이팬에 기름을 두르고 동그랗게 전을 부쳐주세요.

 tip ◦ 진미채와 부침가루에 간이 되어 있어 따로 간을 하지 않아도 맛있어요.

크래미두부전

크래미와 두부를 섞어 전을 부치면 바삭하면서도 쫀득한 전이 완성됩
니다. 두부를 싫어하는 아이들도 "더 주세요~" 하는 메뉴에요.

재료

크래미 40g
두부 40g
대파 3g
부침가루 20g
물 30ml

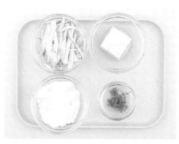

1_ 두부는 키친타월로 물기를 빼고, 크래미는 잘게 찢어주세요. 대파는 잘게 다져주세요.

2_ 볼에 모든 재료를 넣고 섞어주세요.

3_ 프라이팬에 기름을 두르고 동그랗게 전을 부쳐주세요.

tip ◦ 부침가루 대신 밀가루를 사용해도 좋아요.

팽이버섯계란전

저렴하게 구할 수 있는 팽이버섯으로 쫄깃하고 맛있는 전을 부쳐보세요. 그냥 먹어도 맛있지만 케첩을 곁들여 먹으면 더 맛있답니다.

재료

팽이버섯 40g
계란 1개
대파 5g
아기소금 1꼬집

1_ 계란은 풀어주세요. 팽이버섯과 대파
는 잘게 다져주세요.

2_ 계란물에 팽이버섯, 대파를 넣고 섞어
주세요. 아기소금을 넣어 간을 맞춰주
세요.

3_ 프라이팬에 기름을 두르고 동그랗게
전을 부쳐주세요.

tip · 팽이버섯 대신 다른 종류의 버섯을 사용해도 좋아요.

기본 반찬과 같이 만드는 특별 반찬, 구이

닭봉카레구이

간단하게 집에서 만들 수 있는 닭 요리로 반찬이나 간식으로 추천하
는 메뉴입니다. 카레가루를 뿌려 비린내를 제거할 수 있고 따로 간을
하지 않아도 감칠맛이 나요.

재료

닭봉 4개
카레가루 1티스푼

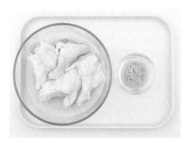

1_ 닭봉은 깨끗하게 세척해주세요.

2_ 닭봉을 끓는 물에 약 10분간 삶아주세요. 닭봉을 건져낸 뒤 흐르는 물에 세척한 후 체에 밭쳐 물기를 빼주세요.

3_ 프라이팬에 기름을 두르고 닭봉을 뒤집어가며 노릇노릇하게 구워주세요.

4_ 카레가루를 2회에 걸쳐 나눠 뿌려가며 닭봉을 구워주세요.

tip ◦ 신선하지 않은 닭이나 냉동 닭은 우유에 약 20분간 재웠다가 사용해주세요(과정 1).

등갈비구이

등갈비를 삶아 달콤한 간장 양념에 구워봤어요. 부드럽고 쫄깃한 돼지등갈비구이는 아이들이 정말 좋아하는 반찬 중 하나인데요. 잡고 뜯기 어려워하면 살코기만 발라내 주세요.

재료

등갈비 3대

양념

물 10ml
아기간장 2티스푼
올리고당 1.5티스푼
맛술 0.5티스푼
다진마늘 2g

1_ 등갈비는 깨끗하게 세척해주세요.

2_ 등갈비를 끓는 물에 약 10분간 삶아주
세요. 삶은 등갈비는 흐르는 물에 세척
한 후 체에 받쳐 물기를 빼주세요.

3_ 프라이팬에 기름을 두르고 등갈비를
약 3분간 구워주세요.

4_ 분량의 양념을 넣고 노릇노릇하게 구
워주세요.

tip ◦ 등갈비를 바로 기름에 구우면 속까지 안 익을 수 있어 한 번 삶아낸 후 구워주세요(과정 2).

벌집두부구이

두부에 벌집 모양을 내어 에어프라이어에 구워보세요. 겉은 바삭하고
속은 부드러운 두부에 단짠 양념을 곁들이면 정말 맛있답니다.

재료

두부 ½모

양념

물 20ml
아기간장 2티스푼
올리고당 1티스푼
대파 1g
김 약간
참기름 약간
통깨 약간

1_ 두부는 키친타월로 물기를 빼주세요.
대파는 송송 썰고 김은 잘게 부숴주세요.

2_ 두부는 바닥에서 0.5cm 정도는 남겨두고 벌집 모양으로 칼집을 내주세요.

3_ 두부에 기름을 바른 뒤 에어프라이어에 170도로 약 15분간 구워주세요.

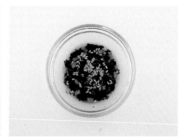

4_ 볼에 분량의 양념을 넣고 섞은 뒤 곁들여주세요.

tip

∘ 김은 무조미 구운김을 사용했어요.

∘ 젓가락을 두부 가장자리에 두고 자르면 쉽게 벌집 모양을 낼 수 있어요(과정 2).

∘ 에어프라이어 조리 시간은 기기마다 다를 수 있어요(과정 3).

삼치된장구이

생선 비린내를 싫어하는 아이들에게 추천하는 메뉴입니다. 된장이 비
린내를 잡아주어 삼치의 담백함을 맛볼 수 있는 요리입니다.

재료

삼치 200g
통깨 약간

양념

물 10ml
된장 0.5티스푼
올리고당 1티스푼
맛술 0.5티스푼
참기름 약간

1_ 삼치는 먹기 좋게 썰어주세요. 볼에 분량의 양념을 넣고 섞어주세요.

2_ 프라이팬에 기름을 두르고 삼치를 약 3~5분간 구워주세요.

3_ 분량의 양념을 넣고 약 1분간 졸여주세요.

4_ 불을 끄고 통깨를 뿌려주세요.

tip
◦ 삼치는 손질해서 포장된 아기용 생선을 사용했어요.
◦ 삼치의 크기나 두께에 따라 굽는 시간이 달라질 수 있어요(과정 2).

가자미찜

부드러운 가자미를 찜기에 쪄 만든 생선찜입니다. 그냥 먹어도 짭짤
하여 맛있지만 양념장을 추가해서 먹으면 더 좋아요. 손질된 냉동 가
자미를 사용하면 더욱 쉽게 만들 수 있어요.

재료

냉동 가자미 100g
양파 30g
대파(흰 부분) 30g

1_ 냉동 가자미는 해동해주세요. 대파, 양
파는 먹기 좋게 썰어주세요.

2_ 찜기에 대파와 양파를 깔고 그 위에
가자미를 올려주세요.

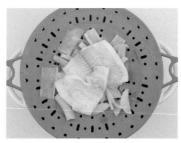

3_ 찜기에 약 10분간 쪄주세요.

tip ◦ 손질된 냉동 가자미를 사용했어요.

기본 반찬과 같이 만드는 특별 반찬, 찜

갈비찜

갈비찜은 어릴 적 엄마가 잔칫날이나 손님이 올 때만 만드시던 메뉴
였어요. 만들기 어렵고 까다로울 것 같지만 생각보다 간단합니다.
갈비찜 한 솥 끓여 온 가족이 함께 즐겨보세요.

재료

소갈비 600g
무 150g
당근 150g
대파 20g
통깨 약간

양념

물 350ml
아기간장 3큰숟가락
올리고당 2큰숟가락
맛술 1큰숟가락
다진마늘 4g
참기름 약간

1_ 소갈비는 1시간 이상 물에 담가 핏물을 빼주세요. 대파는 송송 썰고, 무와 당근은 동그랗게 깎아주세요.

2_ 소갈비를 끓는 물에 약 10분간 삶은 후 흐르는 물에 깨끗하게 세척해주세요.

3_ 냄비에 소갈비, 당근, 무, 대파, 분량의 양념을 넣고 약 40분간 끓여주세요.

4_ 불을 끄고 통깨를 뿌려주세요.

tip

∘ 무와 당근을 네모나게 썰면 익혔을 때 잘 부서질 수 있어 동그랗게 깎았어요(과정 1).

∘ 센 불에서 끓이다가 물이 끓으면 불을 중~중약불로 줄여주세요(과정 3).

찜닭

닭다리살을 달콤하고 짭짤한 양념에 졸여 만든 야들야들하고 부드러운 찜닭입니다. 밥과 함께 주면 영양만점 닭고기덮밥이 완성됩니다.

132

재료

닭다리살 100g
당근 20g
양파 20g
양배추 20g
대파 5g
통깨 약간

양념

물 50ml
아기간장 2티스푼
올리고당 1티스푼
맛술 0.5티스푼
다진마늘 3g

1_ 닭다리살은 껍질을 제거하고 먹기 좋게 썰어주세요. 당근, 양파, 양배추는 작게 깍둑썰고, 대파는 송송 썰어주세요.

2_ 프라이팬에 기름을 두르고 닭다리살을 약 2분간 볶아주세요.

3_ 당근, 양파, 양배추, 대파를 넣고 약 3분간 볶아주세요.

4_ 분량의 양념을 넣고 약 4분간 졸여주세요.

5_ 불을 끄고 통깨를 뿌려주세요.

tip
∘ 닭다리살 대신 닭가슴살, 닭안심 등 다른 부위를 사용해도 좋아요.
∘ 신선하지 않은 닭이나 냉동 닭은 우유에 20분간 재웠다가 사용해주세요(과정 1).

고등어강정

등푸른 생선 중 오메가3가 가장 많이 들어 있는 고등어는 아이들의 두뇌 발달에 더없이 좋은 식재료이지요. 그냥 구워 먹어도 맛있지만 바삭하게 튀겨 강정으로 만들어봤어요. 생선의 비린 맛을 싫어하는 아이라면 양념에 졸인 고등어강정을 추천합니다.

재료

고등어 100g
전분가루 약간
통깨 약간

양념

물 30ml
간장 1.5티스푼
올리고당 1.5티스푼
다진마늘 2g

1_ 고등어는 먹기 좋게 썰어주세요.

2_ 고등어에 전분가루를 입혀주세요.

3_ 프라이팬에 기름을 두르고 고등어를
약 3분간 튀겨주세요.

4_ 고등어를 한쪽에 밀어두고 다른 한쪽
에 분량의 양념을 붓고 끓여주세요. 양
념이 끓어오르면 고등어를 양념에 버
무리며 볶아주세요.

5_ 불을 끄고 통깨를 뿌려주세요.

tip ◦ 겉면이 익기 전에는 전분끼리 들러붙을 수 있으므로 간격을 두고 튀겨주세요(과정 3).

두부감자너겟

두부와 감자를 섞어 튀겨낸 겉은 바삭, 속은 촉촉한 일명 '겉바속촉' 너
겟입니다. 촉촉한 두부가 감자의 퍽퍽함을 감싸주니 아이들도 부드럽
게 먹을 수 있어요.

재료

감자 60g
두부 60g
부침가루 10g
물 15ml
빵가루 약간

1_ 두부는 키친타월로 물기를 빼주세요. 감자는 아주 얇게 채썰고 약 15분간 물에 담가 전분기를 빼주세요.

2_ 볼에 두부를 넣고 으깬 후 감자, 부침가루, 물을 넣고 섞어주세요.

3_ 반죽을 소분하여 먹기 좋은 모양으로 뭉친 후 빵가루를 묻혀주세요.

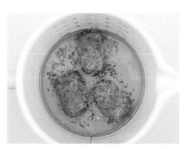

4_ 냄비에 기름을 넉넉하게 붓고 예열한 뒤 반죽을 약 3분간 튀겨주세요.

tip

∘ 감자는 휘어질 정도로 얇게 채썰어주세요. 감자를 물에 여러 번 헹궈 전분기를 빼도 좋아요(과정 1).

∘ 반죽에 물기가 많으면 감자 또는 부침가루를 더 넣어주세요(과정 2).

∘ 반죽 1개당 20~25g이 적당해요(과정 3).

브로콜리팝

브로콜리를 아주 작게 잘라 바삭하게 튀겨낸 요리입니다. 브로콜리를
싫어하는 아이들에게 정말 강력 추천하는 메뉴에요.

재료

브로콜리 1송이
튀김가루 약간

튀김옷

튀김가루 10g
물 20ml

 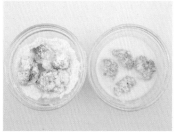

1_ 브로콜리는 흐르는 물에 깨끗하게 세척하고 두꺼운 줄기 부분을 잘라낸 후 먹기 좋은 크기로 썰어주세요.

2_ 튀김가루와 물을 섞어 튀김옷을 만들어주세요. 브로콜리를 튀김가루-튀김옷 순서로 묻혀주세요.

3_ 냄비에 기름을 넉넉하게 붓고 예열한 뒤 브로콜리를 노릇노릇하게 튀겨주세요.

tip · 큰 볼에 물을 담고 식초를 소량 넣은 후 브로콜리의 꽃 부분이 물에 잠기게 담가두었다가 흐르는 물에 세척해주세요 (과정 1).

연근튀김

연근을 싫어하는 아이들도 잘 먹을 수 있는 연근튀김입니다. 연근조림을 만든 후 남은 연근으로 튀김을 만들었는데 아이들이 더 달라고 했던 메뉴예요.

재료

연근 100g
튀김가루 20g
식초 1큰술가락

1_ 연근은 아주 얇게 썰어 물에 여러 번 헹구고 식초 물에 약 15분간 담근 후 흐르는 물에 깨끗하게 세척해주세요.

2_ 연근에 튀김가루를 묻혀주세요.

3_ 프라이팬에 기름을 넉넉하게 붓고 예열한 뒤 연근을 약 3~4분간 튀겨주세요.

tip
◦ 연근을 식초 물에 담그면 떫은 맛이 사라져요(과정 1).
◦ 튀김가루를 묻힐 때 물은 따로 넣지 않아요. 연근에 살짝 남아 있는 물기로 충분해요(과정 2).

치킨커틀릿

닭안심으로 만들어낸 치킨커틀릿입니다. 닭안심은 닭가슴살보다 부드럽고 닭다리살보다는 기름이 적어 커틀릿으로 만들기 좋습니다.

재료

닭안심 120g

튀김옷

계란 1개
밀가루 약간
빵가루 약간

1_ 닭안심은 깨끗하게 세척해주세요. 계
란은 풀어주세요.

2_ 닭안심에 밀가루, 계란, 빵가루 순서로
튀김옷을 입혀주세요.

3_ 프라이팬에 기름을 넉넉하게 붓고 예열한 뒤 닭안심을 약 3~4분간 튀겨주세요.

tip ∘ 신선하지 않은 닭이나 냉동 닭은 우유에 약 20분간 재웠다가 사용해주세요(과정 1).

양송이떡갈비

양송이 속에 떡갈비 반죽을 넣어 구워낸 양송이 떡갈비입니다. 떡갈비와 양송이의 조합이 좋고 양송이를 싫어하는 아이들도 떡갈비와 함께 맛있게 먹을 수 있는 메뉴입니다.

재료

양송이버섯 3개
소고기 다짐육 20g
당근 5g
양파 5g
대파 1g

양념

설탕 0.5티스푼
아기간장 0.5티스푼
참기름 약간

1_ 소고기 다짐육은 키친타월로 핏물을 빼주세요. 양송이버섯은 밑동을 제거하고 속을 파주세요. 당근, 양파, 대파는 잘게 다져주세요.

2_ 볼에 소고기 다짐육, 당근, 양파, 대파, 분량의 양념을 넣고 잘 버무려주세요.

3_ 소고기 다짐육을 양송이에 꾹꾹 눌러 담아주세요.

4_ 프라이팬에 기름을 두르고 양송이를 앞뒤로 구워주세요.

tip · 소고기 다짐육 쪽을 먼저 익히고, 뒤집어 버섯 쪽을 구워주세요(과정 4).

찹스테이크

버터 향을 입힌 소고기에 아삭하게 채소를 볶아내고 맛있는 소스를
넣어 마무리한 찹스테이크입니다. 레스토랑에서 판매하는 메뉴 못지
않아요.

146

재료

소고기(구이용) 80g
파프리카 빨강 20g
파프리카 노랑 20g
양파 20g
무염버터 5g

양념

물 10ml
케첩 0.5티스푼
아기간장 0.5티스푼
올리고당 0.5티스푼
굴소스 0.5티스푼
다진마늘 2g

1_ 소고기는 키친타월로 핏물을 빼고 먹기 좋게 썰어주세요. 양파, 파프리카는 깍둑썰어주세요.

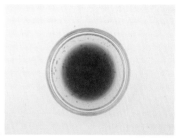

2_ 볼에 분량의 양념을 넣고 섞어주세요.

3_ 프라이팬에 무염버터를 녹이고, 소고기를 약 1분 30초간 볶아주세요.

4_ 파프리카, 양파를 넣고 약 1분 30초간 볶아주세요.

5_ 분량의 양념을 넣고 약 1분간 볶아주세요.

tip ◦ 소고기(구이용)는 부채살, 안심살, 살치살, 치마살, 채끝살 등이 좋아요.

콩나물불고기

불고기에 콩나물을 넣어 볶아보세요. 아삭아삭 씹히는 콩나물이 불고기와 잘 어울린답니다. 밥과 함께 비벼 주면 한 그릇 메뉴로도 손색이 없습니다.

재료

소고기(불고기용) 80g
콩나물 40g
양파 10g
당근 10g
대파 5g
통깨 약간

양념

물 50ml
아기간장 3티스푼
설탕 2티스푼
맛술 1티스푼
다진마늘 2g
참기름 약간

1_ 소고기는 키친타월로 핏물을 빼주세요. 양파, 대파, 당근은 채썰어주세요.

2_ 볼에 양파, 당근, 대파, 분량의 양념을 넣고 잘 버무린 뒤 소고기를 넣고 약 15분간 재워주세요.

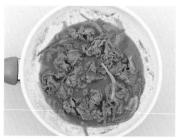

3_ 프라이팬에 소고기를 넣고 약 2분간 볶아주세요.

4_ 콩나물을 넣고 약 2분간 볶아주세요.

5_ 불을 끄고 통깨를 뿌려주세요.

tip ◦ 맛술은 생략해도 됩니다.

닭고기장조림

장조림은 일반적으로 소고기와 돼지고기로 만드는데요. 닭고기를 좋아하는 아이를 위해 닭가슴살로 만들어봤어요. 닭고기로 만들어 더욱 담백한 장조림을 맛볼 수 있어요.

재료

닭가슴살 200g
다시마 1장

육수

물 600ml
양파 1개
대파(흰 부분) 1대
통후추 5알

양념

아기간장 2큰술가락
올리고당 2큰술가락

1_ 양파, 대파는 큼직하게 썰어주세요.

2_ 냄비에 닭가슴살, 육수 재료를 넣고 약 10분간 끓여주세요.

3_ 육수는 버리지 말고 닭가슴살만 건져 내 한 김 식힌 후 결대로 찢어주세요.

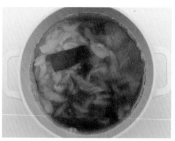

4_ 육수 재료를 건져내세요. 육수에 닭가 슴살, 다시마, 분량의 양념을 넣고 약 10분간 끓여주세요.

5_ 다시마를 건져낸 뒤 약 10분간 더 끓 여주세요.

tip

∘ 다시마는 오래 끓이면 쓴맛이 나니 주의하세요(과정 5).

돼지고기장조림

달콤하고 짭조름한 간장 양념에 돼지고기를 졸여 만든 장조림입니다. 돼지고기 안심으로 만들어 식감이 부드럽고 밥과 잘 어울리는 대표적인 고기 반찬입니다.

재료

돼지고기 안심 300g
다시마 1장

육수

물 800ml
양파 1개
대파(흰부분) 2대
통후추 5알

양념

아기간장 3큰술가락
올리고당 3큰술가락

1_ 안심은 약 20분간 물에 담가 핏물을 빼주세요. 양파, 대파는 큼직하게 썰어주세요.

2_ 냄비에 안심, 육수 재료를 넣고 20분간 끓여주세요.

3_ 안심을 건져내 한 김 식힌 후 결대로 찢어주세요. 육수는 버리지 말고 그대로 둡니다.

4_ 육수 재료는 건져내세요. 안심, 다시마, 분량의 양념을 넣고 약 10분간 끓여주세요.

5_ 다시마를 건져낸 뒤 약 15분간 더 끓여주세요.

tip ° 다시마는 오래 끓이면 쓴맛이 나니 주의하세요(과정 4).

땅콩조림

생 땅콩을 단짠 양념에 졸여 만든 땅콩 조림입니다. 오독오독 씹히는 식감이 재미를 더해주고 땅콩의 고소함이 일품인 반찬입니다.

재료

생 땅콩 100g
물 300ml
다시마 1장
참기름 약간
통깨 약간

양념

아기간장 1큰술가락
올리고당 1.5큰술가락

1_ 생 땅콩은 물에 여러 번 헹궈주세요.

2_ 냄비에 생 땅콩을 넣고 물이 잠길 정도로 부어주세요. 약 20분간 삶은 뒤 땅콩 삶은 물은 버리고 땅콩은 물에 헹궈주세요.

3_ 냄비에 물 300ml를 붓고 생 땅콩, 다시마, 아기간장, 올리고당 1큰술가락을 넣고 약 10분간 끓여주세요. 다시마를 건져낸 뒤 약 10분간 더 끓여주세요.

4_ 국물이 거의 졸아들면 올리고당을 0.5 큰술가락을 넣고 버무려주세요.

5_ 불을 끈 뒤 참기름을 두르고 통깨를 뿌려주세요.

tip ◦ 다시마는 오래 끓이면 쓴맛이 나니 주의하세요(과정 3).

메추리알
새송이조림

기본 메추리알조림에 새송이버섯을 넣어 졸여봤어요. 메추리알을 좋
아하는 아이들이 버섯을 함께 먹어보고 쫄깃한 식감에 반해 버섯도
맛있게 먹을 수 있는 메뉴입니다.

재료

메추리알 200g
미니 새송이버섯 100g
물 600ml
다시마 1장

양념

아기간장 2큰술가락
올리고당 2큰술가락

1_ 메추리알은 끓는 물에 약 7분간 삶은 후 껍질을 까주세요. 미니 새송이버섯은 먹기 좋게 썰어주세요.

2_ 냄비에 물을 붓고 메추리알, 다시마, 분량의 양념을 넣고 약 10분간 끓여주세요.

3_ 다시마는 건져낸 뒤 미니 새송이버섯을 넣고 약 15분간 더 끓여주세요.

tip

◦ 미니 새송이버섯 대신 일반 새송이버섯을 사용해도 좋아요.

◦ 다시마는 오래 끓이면 쓴맛이 나니 주의하세요(과정 2).

새우조림

물컹한 식감의 새우를 싫어하는 아이를 위해 기름에 튀기고 양념에
졸여 만든 메뉴입니다. 새우의 바삭한 식감 덕분에 새우를 싫어하는
아이들도 잘 먹었다는 후기가 많았던 메뉴예요.

재료　냉동 새우 120g　참기름 약간
　　　　양파 40g　　　통깨 약간
　　　　대파 5g
　　　　전분가루 약간

양념　물 50ml
　　　　아기간장 1티스푼
　　　　올리고당 1티스푼
　　　　맛술 0.5티스푼

1_ 냉동 새우는 해동해주세요. 양파는 채 썰고, 대파는 송송 썰어주세요.

2_ 새우에 전분가루를 묻혀주세요.

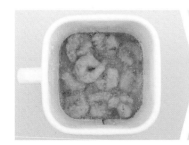

3_ 냄비에 기름을 넉넉하게 붓고 예열한 뒤 새우를 노릇노릇하게 튀겨주세요. 새우를 키친타월에 올려 기름을 빼주세요.

4_ 프라이팬에 양파, 분량의 양념을 넣고 약 4분간 끓여주세요.

5_ 새우, 대파를 넣고 약 1분간 졸여주세요.

6_ 불을 끈 뒤 참기름을 두르고 통깨를 뿌려주세요.

소고기감자조림

기본 감자조림에 소고기를 추가하여 졸여봤어요. 부드러운 감자와 담백한 소고기가 만나 맛있고 영양만점의 밥반찬이 완성되었어요.

재료

소고기 다짐육 40g
감자 50g
당근 20g
참기름 약간
통깨 약간

양념

물 50ml
아기간장 2티스푼
올리고당 1티스푼

1_ 소고기 다짐육은 키친타월로 핏물을 빼주세요. 감자와 당근은 깍둑썰어주세요. 감자는 약 15분간 물에 담가 전분기를 빼주세요.

2_ 프라이팬에 기름을 두르고 소고기 다짐육을 약 1분간 볶아주세요.

3_ 감자와 당근을 넣고 약 2분간 볶아주세요.

4_ 분량의 양념을 넣고 약 2분간 졸여주세요.

5_ 불을 끈 뒤 참기름을 두르고 통깨를 뿌려주세요.

tip ◦ 감자는 물에 여러 번 헹궈 전분기를 빼도 좋아요(과정 1).

연근조림

연근은 소화를 돕고 면역력을 강화시키는 대표적인 식재료입니다. 이 연근으로 조림을 만들어봤어요. 딱딱한 식감을 싫어하는 아이라면 오래 졸여주세요.

재료

연근 200g
다시마 1장
식초 1큰숟가락
참기름 약간
통깨 약간

양념

물 400ml
아기간장 2큰숟가락
올리고당 2큰숟가락
맛술 1큰숟가락

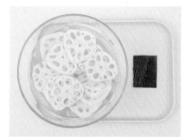

1_ 연근은 껍질을 벗긴 후 0.5cm 두께 또는 더 얇게 썰고, 식초 물에 약 15분간 담근 뒤 흐르는 물에 헹궈주세요.

2_ 냄비에 분량의 양념과 다시마를 넣고 약 10분간 끓여주세요. 이때 올리고당은 1큰숟가락만 넣어주세요.

3_ 다시마를 건져낸 뒤 약 10분간 더 끓여주세요.

4_ 양념이 졸아들면 올리고당 1큰숟가락을 넣고 약 5분간 끓여주세요.

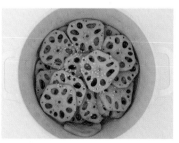

5_ 불을 끈 뒤 참기름을 두르고 통깨를 뿌려주세요.

tip

◦ 식초 물은 물과 식초를 섞어 만드는데 이때 물은 연근이 잠길 정도로 부어주세요(과정 1).

◦ 다시마는 오래 끓이면 쓴맛이 나니 주의하세요(과정 2).

오래 두고 먹는 저장 반찬, 조림

우엉조림

어렸을 때 엄마가 싸주신 김밥에 들어간 우엉조림을 맛있게 먹었던 기억이 있어요. 뿌리채소로 영양분이 풍부하고 연근을 아삭하고 쫀득한 맛이 일품인 조림으로 만들어보세요. 남은 우엉조림은 김밥 속재료로 활용해보세요.

재료

우엉 100g
식초 1큰숟가락
참기름 약간
통깨 약간

양념

물 60ml
아기간장 1.5큰숟가락
올리고당 1.5큰숟가락
맛술 0.5큰숟가락

1_ 우엉은 얇게 채썰어 식초 물에 약 15분
간 담근 뒤 흐르는 물에 헹궈주세요.

2_ 프라이팬에 기름을 두르고 우엉을 약
2분간 볶아주세요.

3_ 분량의 양념을 넣고 약 4~5분간 졸여주세요.

4_ 불을 끈 뒤 참기름을 두르고 통깨를
뿌려주세요.

tip

◦ 식초 물은 물과 식초를 섞어 만드는데 이때 물은 우엉이 잠길 정도로 부어주세요. 식초 물은 우엉의 아린맛을 제거하고
갈변을 방지합니다(과정 1).

참치무조림

통조림 참치를 활용한 무조림입니다. 일반 무조림이 심심하다면 참치를 넣어보세요. 밥에 비벼 줘도 맛있는 참치무조림입니다.

재료

무 70g
참치 50g
다시마 1장
대파 3g
양파 20g
물 300ml
참기름 약간
통깨 약간

양념

아기간장 1큰숟가락
올리고당 0.5큰숟가락

1_ 참치는 체에 밭쳐 기름을 빼주세요. 무는 나박썰고, 양파는 채썰고, 대파는 송송 썰어주세요.

2_ 냄비에 물을 붓고 무, 다시마, 분량의 양념을 넣고 약 10분간 끓여주세요.

3_ 다시마를 건져낸 뒤 양파를 넣고 약 10분간 끓여주세요.

4_ 참치와 대파를 넣고 약 5분간 끓여주세요.

5_ 불을 끈 뒤 참기름을 두르고 통깨를 뿌려주세요.

tip ∘ 통조림 참치 대신 다른 종류의 생선을 사용해도 좋아요.

∘ 다시마는 오래 끓이면 쓴맛이 나니 주의하세요(과정 2).

두부참치동그랑땡

부드러운 두부와 참치를 반죽하여 동그랗게 튀겼어요. 두부참치동그랑땡은 단백질이 많고 고소해 어른들은 물론 아이들에게도 인기만점인 메뉴입니다.

재료

참치 50g
두부 50g
당근 10g
애호박 10g
양파 10g
부침가루 20g
물 30ml

1_ 두부는 키친타월로 물기를 빼고, 참치
는 체에 밭쳐 기름을 빼주세요. 당근,
애호박, 양파는 잘게 다져주세요.

2_ 볼에 두부를 넣고 으깨주세요. 나머지
재료를 넣고 섞어주세요.

3_ 프라이팬에 기름을 두르고 동그랗게 전을 부쳐주세요.

tip ∘ 통조림 참치 대신 다른 종류의 생선을 사용해도 좋아요.

멘치가츠

멘치가츠는 간 고기에 양파 등을 넣고 빵가루를 입혀 튀겨낸 요리입니다. 소고기와 돼지고기를 섞어 더욱 부드럽고 고소하게 만들었어요. 아이들 특식 메뉴로 추천해요.

재료

소고기 다짐육 100g
돼지고기 다짐육 100g
양파 30g
아기간장 0.5티스푼

튀김옷

계란 1~2개
밀가루 약간
빵가루 약간

1_ 모든 다짐육은 키친타월로 핏물을 빼주세요. 양파는 잘게 다져주세요. 계란은 풀어주세요.

2_ 볼에 모든 재료를 넣고 잘 섞어주세요.

3_ 반죽을 소분하여 동그랗게 뭉쳐주세요.

4_ 반죽을 밀가루, 계란물, 빵가루 순으로 묻혀 튀김 옷을 입혀주세요.

5_ 팬에 기름을 넉넉하게 붓고 예열한 뒤 노릇노릇하게 튀겨주세요.

tip ・ 개당 30~50g으로 소분해주세요(과정 3).

미니돈가스

돈가스는 아이들이 좋아하는 TOP3 반찬 중 하나인데요. 돼지고기를
씹기 어려워하는 아이들이 있어 돼지고기 다짐육으로 미니돈가스를
만들어봤어요.

다회분

재료

돼지고기 다짐육 300g
대파 20g
다진마늘 3g
전분가루 1큰술가락
아기소금 1꼬집

튀김옷

밀가루 약간
계란 약간
빵가루 약간

1_ 돼지고기 다짐육은 키친타월로 핏물을 빼주세요. 계란은 풀어주세요. 대파는 잘게 다져주세요.

2_ 볼에 모든 재료를 넣고 섞어주세요.

3_ 반죽을 소분하여 동글 납작하게 뭉쳐주세요.

4_ 반죽을 밀가루, 계란물, 빵가루 순으로 튀김옷을 입혀주세요.

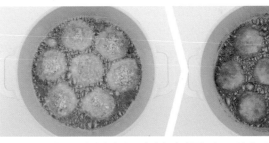

5_ 냄비에 기름을 넉넉하게 붓고 예열한 뒤 반죽을 약 2~3분간 노릇노릇하게 튀겨주세요.

tip

◦ 개당 20g으로 소분해주세요(과정 3).

소고기완자

유아식 초기 단계부터 먹을 수 있는 기본 고기 반찬입니다. 한입 크기로 동그랗게 만들어주면 아이들이 스스로 집어 먹을 수 있답니다. 기름에 굽는 대신 찜기에 찌는 것도 가능해요.

재료

소고기 다짐육 150g
양파 50g
빵가루 1큰숟가락
전분가루 1큰숟가락

양념

아기간장 1티스푼
설탕 0.5티스푼
맛술 0.5티스푼

1_ 소고기 다짐육은 키친타월로 핏물을 빼주세요. 양파는 잘게 다져주세요.

2_ 프라이팬에 기름을 두르고 양파를 약 2분간 볶아주세요.

3_ 볼에 모든 재료, 분량의 양념을 넣고 잘 버무려주세요.

4_ 반죽을 소분하여 동그랗게 뭉쳐주세요.

5_ 프라이팬에 기름을 두르고 소고기완자를 굴려가며 노릇노릇하게 구워주세요.

tip
　◦ 양파는 매울 수 있어 기름에 볶아 익혀주었어요(과정 2).
　◦ 개당 20g으로 소분해주세요(과정 4).

어묵동그랑땡

해물완자 맛이 나는 어묵동그랑땡입니다. 한 번 맛보면 "어묵에서 이런 맛이 나다니!"라며 놀랄 거예요. 어묵을 좋아하는 아이는 물론이고 어묵을 싫어하는 아이들도 잘 먹는답니다.

재료

어묵 50g
당근 10g
양파 10g
대파 5g
부침가루 30g
물 40ml

1_ 어묵은 끓는 물에 살짝 데친 뒤 체에 받쳐 물기를 빼주세요. 어묵, 당근, 양파, 대파는 잘게 다져주세요.

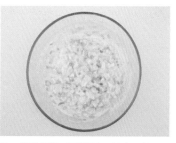

2_ 볼에 모든 재료를 넣고 섞어주세요.

3_ 기름을 두르고 동그랗게 전을 부쳐주세요.

양배추피클

파스타나 리소토 등 느끼한 음식에 잘 어울리는 양배추 피클입니다.
식초 물을 끓여 붓고 1~2일 숙성만 시켜주면 건강하면서도 새콤달콤
한 엄마표 양배추피클을 맛볼 수 있어요.

재료

양배추 100g
당근 40g

양념

물 300ml
식초 100g
설탕 100g
피클링스파이스 1큰숟가락

1_ 양배추와 당근은 먹기 좋게 썰어주세요.

2_ 냄비에 분량의 양념을 넣고 설탕이 녹을 때까지 저어주며 끓여주세요.

3_ 보관 용기에 양배추와 당근을 넣어주세요.

4_ 용기에 끓인 피클물을 뜨거운 상태로 바로 붓고 식힌 후 뚜껑을 닫아 냉장 보관하고 1~2일 숙성시켜주세요.

tip
　∘ 당근은 모양틀을 사용해 잘랐어요(과정 1).
　∘ 유리용기 사용 시 재료를 담기 전 끓는 물에 삶아 소독 후 물기를 바싹 말린 후에 사용해주세요(과정 3).

밥태기도 극복하는 한 그릇 식사

밥처럼 든든한 간식

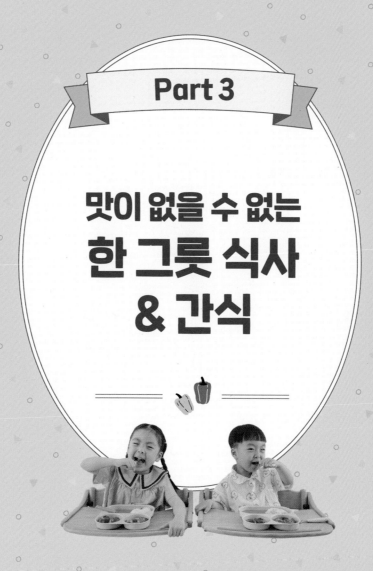

Part 3

맛이 없을 수 없는
한 그릇 식사
& 간식

가지된장볶음밥

가지와 된장 양념으로 볶음밥을 만들었어요. 된장 양념의 감칠맛이
더해져 남녀노소 즐길 수 있는 볶음밥이 완성되었어요.

재료

소고기 다짐육 40g
가지 30g
양파 20g
참기름 약간
통깨 약간
밥 100g

양념

물 20ml
설탕 0.5티스푼
아기된장 0.5티스푼
아기간장 0.5티스푼

1_ 소고기 다짐육은 키친타월로 핏물을 빼주세요. 가지와 양파는 잘게 다져주세요.

2_ 프라이팬에 기름을 두르고 소고기 다짐육을 약 1분간 볶아주세요.

3_ 가지와 양파를 넣고 약 1분간 볶아주세요.

4_ 분량의 양념을 넣고 약 1분 30초간 수분을 날려가며 볶아주세요.

5_ 밥을 넣고 잘 섞어가며 볶아주세요.

6_ 불을 끈 뒤 참기름을 두르고 통깨를 뿌려주세요.

tip ◦ 소고기 다짐육 대신 돼지고기 다짐육을 사용해도 좋아요.

감자소시지볶음밥

감자와 소시지를 넣어 만든 볶음밥입니다. 짭조름한 소시지와 담백한 감자가 잘 어우러져 '완밥'하게 만드는 메뉴랍니다.

재료

감자 30g
소시지 30g
당근 10g
애호박 10g
양파 10g
아기간장 0.5티스푼
참기름 약간
통깨 약간
밥 100g

1_ 소시지는 데치거나 뜨거운 물을 부어 염분을 뺀 후 먹기 좋게 썰어주세요. 당근, 애호박, 양파는 잘게 다지고, 감자는 작게 깍둑썰기해주세요. 감자는 약 15분간 물에 담가 전분기를 빼주세요.

2_ 프라이팬에 기름을 두르고 감자를 약 2~3분간 볶아주세요.

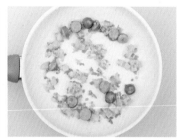

3_ 소시지를 넣고 약 1분간 볶아주세요.

4_ 당근, 애호박, 양파를 넣고 약 1분간 볶아주세요.

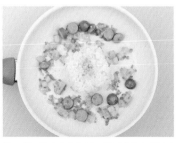

5_ 밥, 아기간장을 넣고 잘 섞어가며 볶아주세요.

6_ 불을 끈 뒤 참기름을 두르고 통깨를 뿌려주세요.

tip
◦ 감자를 물에 여러 번 헹궈 전분기를 빼도 좋아요(과정 1).
◦ 감자가 크다면 전자레인지에 돌려 살짝 익힌 후 볶아주세요(과정 2).

두부채소볶음밥

단백질이 풍부하게 들어 있는 두부를 고슬고슬하게 볶아 만든 한 그 릇 메뉴입니다. 두부를 싫어하는 아이들도 잘 먹었다는 후기가 많았 던 레시피예요. 간단하고 맛도 좋으니 집에 있는 두부와 채소로 만들 어보세요.

재료

두부 30g
당근 10g
애호박 10g
양파 10g
아기간장 1티스푼
참기름 약간
통깨 약간
밥 100g

1_ 두부는 키친타월로 물기를 빼주세요. 당근, 애호박, 양파는 잘게 다져주세요.

2_ 프라이팬에 기름을 두르고 당근, 애호박, 양파를 약 1분간 볶아주세요.

3_ 으깬 두부를 약 1분간 수분을 날려가며 볶아주세요.

4_ 밥, 아기간장을 넣고 잘 섞어가며 볶아주세요.

5_ 불을 끈 뒤 참기름을 두르고 통깨를 뿌려주세요.

tip ∘ 두부는 면포를 사용하거나 키친타월을 여러 겹 겹쳐 꾹 눌러 물기를 빼주세요(과정 1).

새우카레볶음밥

새우와 카레가루를 넣어 만든 볶음밥입니다. 카레가루가 새우의 비린 맛을 잡아주어 새우를 싫어하는 아이들도 맛있게 먹을 수 있는 메뉴랍니다.

재료

냉동 새우 30g
당근 10g
애호박 10g
양파 10g
카레가루 2티스푼
밥 100g

1_ 냉동 새우는 해동한 뒤 먹기 좋게 썰어주세요. 당근, 애호박, 양파는 잘게 다져주세요.

2_ 프라이팬에 기름을 두르고 당근, 애호박, 양파를 약 1분간 볶아주세요.

3_ 새우를 넣고 약 1분간 볶아주세요.

4_ 밥, 카레가루를 넣고 잘 섞어가며 볶아주세요.

tip

∘ 카레가루를 넣을 때 뭉치지 않게 2~3번에 걸쳐 조금씩 나눠 넣어주세요(과정 4).

소고기마요볶음밥

일반 소고기채소볶음밥에 마요네즈를 추가해보세요. 고소한 맛이 더
해져 특별한 볶음밥이 완성된답니다.

재료

소고기 다짐육 40g
당근 10g
애호박 10g
양파 10g
통깨 약간
밥 100g

양념

마요네즈 1티스푼
아기간장 0.5티스푼

1_ 소고기 다짐육은 키친타월로 핏물을 빼주세요. 당근, 애호박, 양파는 잘게 다져주세요.

2_ 프라이팬에 기름을 두르고 소고기 다짐육을 약 1분간 볶아주세요.

3_ 당근, 애호박, 양파를 넣고 약 1분간 더 볶아주세요.

4_ 밥, 아기간장을 넣고 잘 섞어가며 볶아주세요.

5_ 마요네즈를 넣고 약 30초간 빠르게 볶아주세요.

6_ 불을 끄고 통깨를 뿌려주세요.

치킨데리야키 볶음밥

데리야키 소스를 곁들여 치킨볶음밥을 만들어봤어요. 시판용보다 더 맛있는 엄마표 치킨데리야키의 맛을 느껴보세요.

재료　닭안심 40g　밥 100g
　　　양파 40g
　　　대파 3g
　　　통깨 약간

소스　물 20ml　　　다진마늘 2g
　　　아기간장 2티스푼
　　　올리고당 2티스푼
　　　맛술 1티스푼

1_ 닭안심은 먹기 좋게 썰어주세요. 양파, 대파는 잘게 다져주세요.

2_ 프라이팬에 기름을 두르고 닭고기를 약 1분간 볶아주세요.

3_ 양파를 넣고 약 3분간 더 볶아주세요.

4_ 분량의 양념을 넣고 약 2분간 졸여주세요.

5_ 대파를 넣고 살짝 더 볶아주세요.

6_ 밥을 넣고 잘 섞어가며 볶아주세요.

7_ 불을 끄고 통깨를 뿌려주세요.

tip
∘ 닭안심 대신 닭가슴살, 닭다리살 등 다른 부위를 사용해두 좋아요.

∘ 신선하지 않은 닭이나 냉동 닭은 우유에 약 20분간 재웠다가 사용해주세요 (과정 1).

된장불고기덮밥

불고기를 된장 양념에 졸여보세요. 일반 간장 양념에 졸이는 것보다 고소하고 감칠맛 나는 메뉴가 된답니다. 콤콤한 된장 냄새 대신 은은한 간장 향이 돌기 때문에 아이들도 잘 먹는답니다.

재료

소고기(불고기용) 40g
대파 5g
당근 10g
양파 10g
통깨 약간
밥 100g

양념

물 50ml
아기된장 0.5티스푼
아기간장 0.5티스푼
올리고당 1티스푼
다진마늘 2g
참기름 약간

1_ 소고기는 키친타월로 핏물을 빼주세요. 양파, 당근, 대파는 채썰어주세요.

2_ 볼에 양파, 당근, 대파, 분량의 양념을 넣고 잘 버무린 뒤 소고기를 넣고 약 20분간 재워주세요.

3_ 프라이팬에 소고기를 넣고 약 3분간 볶아주세요.

4_ 불을 끄고 통깨를 뿌려주세요. 밥과 함께 그릇에 담아주세요.

tip ◦ 소고기(불고기용)는 앞다리살을 사용했어요. 앞다리살 대신 다른 부위를 사용해도 좋아요.

연어덮밥

연어덮밥에는 생 연어를 사용하지만 아이가 먹을 음식이라 연어를 익혔어요. 고소한 연어 맛이 아이들의 입맛을 사로잡기에 충분해요.

재료

연어 50g
양파 40g
대파 3g
통깨 약간
밥 100g

양념

물 100ml
아기간장 2티스푼
올리고당 2티스푼
맛술 1티스푼

1_ 냉동 연어는 해동한 뒤 먹기 좋게 썰고, 양파는 채썰고, 대파는 송송 썰어 주세요.

2_ 프라이팬에 기름을 두르고 연어를 약 2분간 앞뒤로 구워주세요.

3_ 양파와 분량의 양념을 넣고 약 5분간 졸여주세요.

4_ 대파를 넣고 살짝 더 졸여주세요.

5_ 불을 끄고 통깨를 뿌려주세요. 밥과 함께 그릇에 담아주세요.

tip ◦ 손질된 냉동 연어를 사용했어요.

구운주먹밥

밥태기도 극복하는 한 그릇 식사, 특별식

엄마들의 단골 메뉴인 주먹밥을 색다르게 변신시켰어요. 맛있는 양념
에 주먹밥을 구워보세요. 밥투정, 편식하는 아이들도 잘 먹었다는 후
기가 많았던 메뉴입니다.

재료

소고기 다짐육 30g
당근 10g
애호박 10g
양파 10g
밥 100g

양념

물 10ml
아기간장 1.5티스푼
올리고당 1티스푼

1_ 소고기 다짐육은 키친타월로 핏물을 빼주세요. 당근, 애호박, 양파는 잘게 다져주세요.

2_ 프라이팬에 기름을 두르고 소고기 다짐육을 약 1분 30초간 볶아주세요.

3_ 당근, 애호박, 양파를 넣고 약 1분간 볶아주세요.

4_ 볼에 소고기야채볶음, 밥을 넣고 잘 섞은 후 동그랗게 뭉쳐 주먹밥을 만들어주세요.

5_ 프라이팬에 기름을 두르고 주먹밥을 굴려가며 구워주세요.

6_ 분량이 양념을 주먹밥에 소량씩 부어가며 노릇하게 구워주세요.

tip ◦ 주먹밥이 잘 안 뭉쳐진 상태이거나 양념을 한 번에 부으면 굽는 과정에서 주먹밥이 풀어질 수 있으니 주의해주세요 (과정 6).

밥태기도 극복하는 한 그릇 식사, 특별식

소고기가지솥밥

온 가족이 먹을 수 있는 소고기가지솥밥입니다. 솥에 밥을 하면 전기밥솥에 하는 것보다 밥알 하나하나가 달고 맛있어지는데 거기에 소고기가지볶음을 올리면 단맛이 더욱 잘 느껴집니다. 소고기, 가지 대신 다양한 재료들을 넣어 솥밥을 만들어보세요.

200

재료
쌀 120g 무염버터 8g
다시마 물 120ml 대파 5g
가지 60g 통깨 약간
소고기 다짐육 60g 참기름 약간

양념
물 20ml
아기간장 2티스푼
올리고당 2티스푼

1_ 쌀은 약 30분 이상 물에 담가 불려주세요. 소고기 다짐육은 키친타월로 핏물을 빼주세요. 가지는 작게 깍둑썰고, 대파는 송송 썰어주세요.

2_ 프라이팬에 기름을 두르고 소고기 다짐육을 약 1분 30초간 볶아주세요.

3_ 가지를 넣고 약 1분간 볶아주세요.

4_ 대파, 분량의 양념을 넣고 약 2~3분간 수분을 날려가며 볶아주세요.

5_ 솥에 무염버터를 녹인 후 쌀을 넣고 쌀알이 투명해질 때까지 약 2분간 볶아주세요.

6_ 다시마 물을 붓고 뚜껑을 덮어 약 1~2분간 센불로 끓이다가 물이 끓어오르면 중약불로 줄여 8분간 더 끓여주세요.

7_ 소고기가지볶음을 밥 위에 올리고 뚜껑을 덮어 약 3분간 뜸 들여주세요.

8_ 불을 끈 뒤 참기름을 두르고 통깨를 뿌려주세요.

tip ◦ 다시마 물은 정수된 물에 자른 다시마 1장을 넣고 약 10분간 우려 만들었어요 (과정 1).

크래미밥전

밥전은 밥과 계란 그리고 다양한 재료를 섞어 만든 전 요리인데요. 간단하게 크래미와 대파를 넣어 밥전을 만들어 봤어요. 집에 있는 재료들을 활용하여 밥전을 만들어보세요.

재료

크래미 40g
대파 5g
계란 1개
밥 100g

1_ 계란은 풀어주세요. 크래미와 대파는
잘게 다져주세요.

2_ 볼에 크래미, 대파, 계란물, 밥을 넣고
섞어주세요.

3_ 프라이팬에 기름을 두르고 동그랗게
전을 부쳐주세요.

tip ◦ 크래미에 간이 되어 있어 따로 간을 하지 않았어요. 간이 부족하다면 아기소금이나 아기간장을 추가해주세요(과정 2).

고기비빔국수

면을 좋아하는 아이들을 위해 고기비빔국수를 만들어보세요. 삶은 소면을 고기 양념장에 비벼 만든 메뉴입니다. 소면을 잘게 잘라 주면 숟가락으로 떠서 국물처럼 후루룩 후루룩 맛있게 먹을 수 있답니다.

재료

소면 50g
소고기 다짐육 40g
당근 10g
애호박 10g
양파 10g

양념

물 30ml
설탕 1티스푼
아기간장 2티스푼
김가루 1g
참기름 약간
통깨 약간

1_ 소고기 다짐육은 키친타월로 핏물을 빼주세요. 당근, 애호박, 양파는 잘게 다져주세요.

2_ 프라이팬에 기름을 두르고 소고기 다짐육을 약 1분 30초간 볶아주세요.

3_ 당근, 애호박, 양파를 넣고 1분간 볶아주세요.

4_ 끓는 물에 소면을 넣고 약 3분간 삶아주세요.

5_ 찬물에 헹군 후 체에 밭쳐 물기를 빼주세요.

6_ 볼에 소고기채소볶음, 분량의 양념을 넣고 잘 버무려주세요. 먹기 전에 소면과 소고기볶음을 섞어주세요.

시금치파스타

아이들이 싫어하는 시금치를 파스타에 넣어보세요. 우유, 치즈 소스
와 베이컨이 시금치 향을 줄여주기 때문에 시금치도 맛있게 먹을 수
있는 메뉴랍니다.

재료   시금치 30g   우유 200ml
베이컨 40g   아기치즈 1장
양파 20g
파스타면 30g

1_ 베이컨은 채썰어주세요. 시금치는 뿌
리를 제거하고 깨끗하게 씻은 뒤 먹기
좋게 썰고, 양파는 채썰어주세요.

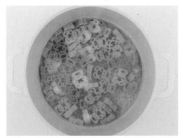

2_ 파스타면은 끓는 물에 약 10분간 삶은
후 체에 밭쳐 물기를 빼주세요.

3_ 프라이팬에 기름을 두르고 양파와 베
이컨을 약 2분간 볶아주세요.

4_ 시금치를 넣고 숨이 죽을 때까지 약 1
분간 볶아주세요.

5_ 우유를 붓고 약 3분간 끓여주세요.

6_ 아기치즈를 넣고 저어주며 약 1분간
끓여주세요.

7_ 파스타면을 넣고 약 2분간 끓여주세
요.

tip

∘ 베이컨은 데치거나 뜨거운
물을 부어 염분과 기름기
를 뺀 뒤 체에 밭쳐 물기를
빼주세요(과정 1).

∘ 시금치 편식이 심한 아이
라면 시금치를 아주 잘게
다져서 넣어주세요(과정
1).

짜장우동

짜장 소스로 우동을 끓여보세요. 맛있는 짜장과 쫄깃한 우동면이 만나 아이들이 좋아하는 엄마표 특식이 완성된답니다.

재료 돼지고기 다짐육 40g　물 150ml
　　　양파 30g
　　　짜장가루 15g
　　　우동면 100g

고명 계란 1개
　　　오이 5g

1_ 돼지고기 다짐육은 키친타월로 핏물을 빼주세요. 계란은 풀어주세요. 양파는 채썰고, 오이는 얇게 슬라이스해주세요.

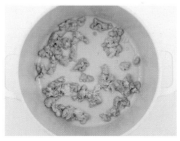

2_ 냄비에 기름을 두르고 돼지고기 다짐육을 약 1분간 볶아주세요.

3_ 양파를 넣고 약 1분간 볶아주세요.

4_ 물을 붓고 짜장가루를 풀어 약 2분간 끓여주세요.

5_ 우동면을 넣고 살살 풀어가며 약 3분간 끓여주세요.

6_ 프라이팬에 기름을 두르고 계란물을 부어 지단을 부쳐주세요.

7_ 고명 틀을 이용해 오이, 계란 고명을 만들어 우동 위에 올려주세요.

tip　∘ 고명 틀이 없다면 오이와 계란지단을 채썰어 올려주세요(과정 7).

새우로제리소토

아이가 빨간 음식에 관심을 보인다면 파프리카장으로 로제리소토를 만들어보세요. 색은 빨갛지만 전혀 맵지 않아서 아기도 잘 먹을 수 있는 메뉴예요.

재료

냉동 새우 40g
당근 10g
애호박 10g
양파 10g
우유 200ml
아기치즈1장
밥 100g

양념

파프리카장 1티스푼
아기간장 1티스푼
올리고당 1티스푼

1_ 냉동 새우는 해동한 뒤 먹기 좋게 썰어 주세요. 당근, 애호박, 양파는 잘게 다져주세요.

2_ 프라이팬에 기름을 두르고 당근, 애호박, 양파를 약 1분간 볶아주세요.

3_ 새우를 넣고 약 1분간 볶아주세요.

4_ 우유, 분량의 양념을 넣고 약 3분간 끓여주세요.

5_ 밥을 넣고 잘 섞어가며 약 1분간 끓여주세요.

6_ 아기치즈를 넣어 녹인 후 원하는 농도가 될 때까지 졸여주세요.

tip ◦ 파프리카장은 맵지 않은 고추장 느낌의 아이용 장류입니다. 아이들 식재료 판매처에서 구매할 수 있어요.

어묵리소토

볶음 반찬에 주로 사용하는 어묵으로 리소토를 만들어보세요. 쫄깃하고 맛있는 어묵은 리소토와 잘 어울리는 재료랍니다.

재료

어묵 40g
당근 10g
애호박 10g
양파 10g
우유 200ml
아기치즈 1장
밥 100g

1_ 어묵은 데치거나 끓는 물을 부은 뒤 체에 밭쳐 물기를 빼주고 먹기 좋게 썰어주세요. 당근, 애호박, 양파는 잘게 다져주세요.

2_ 프라이팬에 기름을 두르고 당근, 애호박, 양파를 약 1분간 볶아주세요.

3_ 어묵을 넣고 약 1분간 볶아주세요.

4_ 우유를 붓고 약 3분간 끓여주세요.

5_ 밥을 넣고 잘 섞어가며 약 1분간 끓여주세요.

6_ 아기치즈를 넣어 녹인 후 원하는 농도가 될 때까지 졸여주세요.

감자그라탕

감자를 볶은 뒤 오븐에 구운 메뉴예요. 고소한 치즈와 부드러운 감자
가 들어가 아이들이 좋아할 수 밖에 없는 간식이랍니다.

재료 감자 100g 아기치즈 1장
베이컨 30g
양파 30g
우유 50ml

1_ 베이컨은 데치거나 뜨거운 물을 부은
뒤 체에 받쳐 물기를 빼주고 잘게 다
져주세요. 감자, 양파도 잘게 다져주세
요. 감자는 약 15분간 물에 담가 전분
기를 빼주세요.

2_ 프라이팬에 기름을 두르고 감자, 양파
를 약 2분간 볶아주세요.

3_ 베이컨을 넣고 약 1분간 더 볶아주세
요.

4_ 우유를 붓고 약 1분 30초~2분간 졸여주세요.

5_ 오븐용 유리나 실리콘 용기에 감자-치
즈-감자-치즈 순으로 재료를 담아주
세요.

6_ 에어프라이어나 오븐에 180도로 약
10~15분간 구워주세요.

tip
○ 감자를 물에 여러 번 헹궈
전분기를 빼도 좋아요(과
정 1).
○ 에어프라이어나 오븐 조리
시간은 기기마다 다를 수
있어요(과정 6).

감자맛탕

주로 고구마로 만드는 맛탕을 감자로 만들어보세요. 달콤하고 바삭한
감자맛탕은 고구마맛탕 못지않게 정말 맛있답니다.

재료

감자 100g
올리고당 2티스푼
아기소금 1꼬집

1_ 감자는 작게 깍둑썰고 약 15분간 물에 담가 전분기를 빼주세요.

2_ 프라이팬에 기름을 두르고 아기소금을 감자에 뿌린 뒤 약 3~4분간 구워주세요.

3_ 올리고당을 넣고 버무리며 노릇노릇하게 구워주세요.

tip
∘ 감자를 물에 여러 번 헹궈 전분기를 빼도 좋아요(과정 1).
∘ 감자를 크게 썰었다면 전자레인지에 돌려 살짝 익혀주세요(과정 2).
∘ 올리고당 대신 아가베시럽이나 설탕을 써도 됩니다.

바나나팬케이크

바나나와 계란으로 만드는 팬케이크입니다. 기호에 맞게 생크림, 슈가파우더, 딸기 등을 곁들여 엄마표 팬케이크를 만들어보세요.

재료

계란 1개
바나나 70g

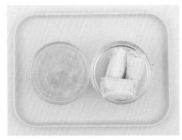

1_ 계란은 풀어주세요. 바나나는 껍질을
벗겨 대강 썰어주세요.

2_ 계란물에 바나나를 넣고 으깨주세요.

3_ 핸드블랜더나 믹서로 바나나와 계란
을 함께 갈아주세요.

4_ 프라이팬에 기름을 두르고 중약불로 팬케이크 반죽을 구워주세요

불고기샌드위치

불고기를 모닝빵에 넣어 만든 불고기샌드위치입니다. 불고기는 밥에
도 잘 어울리지만 빵과도 잘 어울리는 메뉴예요. 아침 대용이나 든든
한 간식으로 추천드려요.

재료

모닝빵 2개
소고기(불고기용) 80g
양파 20g
아기치즈 1장
상추 1장

양념

물 30ml
아기간장 2티스푼
올리고당 1티스푼

1_ 모닝빵은 반을 갈라주세요. 소고기는 키친타월로 핏물을 빼주세요. 양파는 잘게 다지고 상추는 물기를 잘 털어낸 뒤 먹기 좋게 잘라주세요.

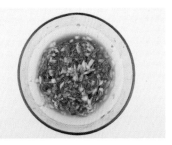

2_ 볼에 양파, 분량의 양념을 넣고 잘 버무린 뒤 소고기를 넣고 약 15분간 재워주세요.

3_ 프라이팬에 소고기를 넣고 약 3분간 볶아주세요.

4_ 모닝빵에 상추, 치즈를 올리고 그 사이에 불고기를 넣어주세요.

tip ∘ 모닝빵 대신 식빵을 사용해도 좋아요.

식빵푸딩

식빵과 계란으로 후다닥 만드는 엄마표 간식입니다. 계란, 우유, 식빵
이 만나 부드러운 푸딩 느낌의 메뉴가 완성되었어요. 과일 등을 추가
하면 영양가도 높고 보기에도 멋진 간식이 됩니다.

재료

식빵 1장
계란 1개
우유 30ml
설탕 1티스푼

1_ 계란은 풀어주세요. 식빵은 작게 잘라
주세요.

2_ 볼에 우유, 계란물, 설탕을 넣고 섞어
주세요.

3_ 오븐용 용기 안쪽에 식용유를 발라주
세요. 식빵을 넣고 계란우유물을 부어
주세요.

4_ 오븐에 170~180도로 약 10분간 구워
주세요.

tip
  ◦ 식빵 테두리는 잘라냈어요(과정 1).
  ◦ 설탕은 빼거나 양을 가감해서 넣어도 됩니다(과정 2).
  ◦ 오븐 조리 시간은 기기마다 다를 수 있어요(과정 4).

어니언링

양파를 링 모양으로 썰어 튀기는 어니언링이에요. 동그란 모양 덕분에 아이들이 관심을 보이고 바삭바삭한 식감으로 입맛 또한 사로잡는 메뉴랍니다.

재료

양파 30g
튀김가루 약간
빵가루 약간

튀김옷

튀김가루 20g
물 30ml

1_ 양파는 링 모양으로 썰어주세요.

2_ 튀김가루와 물을 섞어 튀김옷을 만들어주세요.(왼쪽-튀김가루, 오른쪽-튀김 옷).

3_ 양파를 튀김가루-튀김옷-빵가루 순으로 입혀주세요.

4_ 프라이팬에 기름을 넉넉하게 붓고 예열한 뒤 약 1~2분간 양파를 튀겨주세요.

tip
○ 튀김가루에 간이 되어 있어 따로 간을 하지 않아도 맛있어요.
○ 케첩이나 소스 없이도 맛있지만 다른 소스를 곁들여도 좋아요.

크림새우떡볶이

패밀리 레스토랑에서나 맛볼 수 있는 크림새우떡볶이를 집에서 만들어보세요. 간단한 레시피에 비해 정말 맛있어서 아이들이 자주 찾는 메뉴랍니다.

재료

떡 100g
냉동 새우 50g
양파 20g
브로콜리 20g
물 60ml
우유 100ml
아기치즈 1장

1_ 떡은 약 30분간 물에 담가 불려주세요. 냉동 새우는 해동한 뒤 먹기 좋게 썰어주세요. 양파와 브로콜리는 먹기 좋게 썰어주세요.

2_ 프라이팬에 기름을 두르고 양파와 브로콜리를 약 1분간 볶아주세요.

3_ 새우를 넣고 약 1분간 볶아주세요.

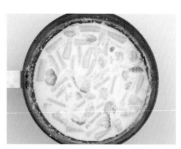

4_ 물을 붓고 약 1분간 끓이다가 우유를 넣고 약 3분간 끓여주세요.

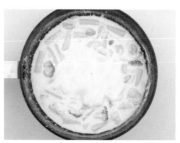

5_ 아기치즈를 넣고 약 1분간 끓여주세요.

tip ◦ 새우에 간이 되어 있어 따로 간을 하지 않았어요. 간이 부족하다면 아기소금을 추가해주세요(과정 5).

허니버터고구마

온 국민의 관심을 받았던 허니버터로 고구마를 볶아봤어요. 색다른
고구마 간식을 찾고 있다면 허니버터고구마를 추천합니다.

재료

고구마 1개
무염버터 10g
꿀 1큰술가락
아기소금 1꼬집

1_ 고구마는 먹기 좋게 썬 후 약 15분간 물에 담가 전분기를 빼주세요.

2_ 프라이팬에 무염버터를 녹인 뒤 고구마를 약 2분간 볶아주세요.

3_ 아기소금, 꿀을 넣고 잘 섞어가며 볶아주세요.

tip
∘ 고구마를 물에 여러 번 헹궈 전분기를 빼도 좋아요(과정 1).
∘ 고구마를 팬에 볶기 전 물과 함께 전자레인지에 1~2분간 돌려주면 더 빠르게 익힐 수 있어요(과정 2).

후다닥 만들어 후루룩 완밥하는 밑반찬 레시피

시니맘의 참 잘 먹는 10분 유아식

초판 1쇄 인쇄 2024년 6월 25일
초판 1쇄 발행 2024년 7월 10일

지은이 시니맘(박지혜)

대표 장선희 **총괄** 이영철
책임편집 정시아 **기획편집** 현미나, 한이슬, 오향림
책임디자인 양혜민 **디자인** 최아영
마케팅 최의범, 김경률, 유효주, 박예은
경영관리 전선애

펴낸곳 서사원 **출판등록** 제2023-000199호
주소 서울시 마포구 성암로 330 DMC첨단산업센터 713호
전화 02-898-8778 **팩스** 02-6008-1673
이메일 cr@seosawon.com
네이버 포스트 post.naver.com/seosawon
페이스북 www.facebook.com/seosawon
인스타그램 www.instagram.com/seosawon

ⓒ 박지혜, 2024

ISBN 979-11-6822-313-4 13590

• 이 책은 저작권법에 따라 보호를 받는 저작물이므로 무단 전재와 무단 복제를 금지합니다.
• 이 책 내용의 전부 또는 일부를 이용하려면 반드시 저작권자와 서사원 주식회사의 서면 동의를 받아야 합니다.
• 잘못된 책은 구입하신 서점에서 바꿔 드립니다.
• 책값은 뒤표지에 있습니다.

서사원은 독자 여러분의 책에 관한 아이디어와 원고 투고를 설레는 마음으로 기다리고 있습니다.
책으로 엮기를 원하는 아이디어가 있는 분은 이메일 cr@seosawon.com으로 간단한 개요와 취지,
연락처 등을 보내주세요. 고민을 멈추고 실행해보세요. 꿈이 이루어집니다.